Vorschriften
für die Errichtung und den Betrieb elektrischer Starkstromanlagen nebst Ausführungsregeln

Bergwerksausgabe

Sonderabdruck aus
Vorschriften und Normen des VDE

Springer-Verlag Berlin Heidelberg GmbH
1924

Copyright by Springer-Verlag Berlin Heidelberg 1924
Ursprünglich erschienen bei Verlag von Julius Springer in Berlin 1924

Vorschriften und Normen des Verbandes Deutscher Elektrotechniker

Herausgegeben
vom
Generalsekretariat des
Verbandes Deutscher Elektrotechniker

11. Auflage

Nach dem Stande am 31. Dezember 1922

Gebunden 6,50 Goldmark

ISBN 978-3-662-27989-2   ISBN 978-3-662-29497-0 (eBook)
DOI 10.1007/978-3-662-29497-0

Inhaltsübersicht.

Vorschriften für die Errichtung und den Betrieb elektrischer Starkstromanlagen nebst Ausführungsregeln*).

Gültig ab 1. Juli 1924**).

Angenommen durch die Außerordentliche Ausschußsitzung am 30. August 1923.

Untenstehende Fassung enthält die Zusatzbestimmungen für Bergwerke unter Tage.

I. Errichtungsvorschriften.

§ 1. Geltungsbereich.

A. Erklärungen.

§ 2.

B. Allgemeine Schutzmaßnahmen.

§ 3. Schutz gegen Berührung. Nullung und Erdung.
§ 4. Übertritt von Hochspannung.
§ 5. Isolationszustand.

C. Maschinen, Transformatoren und Akkumulatoren.

§ 6. Elektrische Maschinen.
§ 7. Transformatoren.
§ 8. Akkumulatoren.

D. Schalt- und Verteilungsanlagen.

§ 9.

E. Apparate.

§ 10. Allgemeines.
§ 11. Schalter.

---

*) Aus „ETZ" 1923, Heft 27, S. 646, Heft 28, S. 671, Heft 29, S. 695, Heft 42, S. 953. 1924, Heft 1, S. 16.

**) Für Apparate nach den §§ 10, 11, 13 bis 16 und 18 wird mit Rücksicht auf die Verarbeitung vorhandener Werkstoffvorräte und die Räumung von Lagervorräten eine Übergangsfrist bis zum 1. Januar 1926 eingeräumt.

§ 12. Anlasser und Widerstände.
§ 13. Steckvorrichtungen.
§ 14. Stromsicherungen (Schmelzsicherungen und Selbstschalter).
§ 15. Andere Apparate.

F. Lampen und Zubehör.
§ 16. Fassungen und Glühlampen.
§ 17. Bogenlampen.
§ 18. Beleuchtungskörper, Schnurpendel und Handleuchter.

G. Beschaffenheit und Verlegung der Leitungen.
§ 19. Beschaffenheit isolierter Leitungen.
§ 20. Bemessung der Leitungen.
§ 21. Allgemeines über Leitungsverlegung.
§ 22. Freileitungen.
§ 23. Installationen im Freien.
§ 24. Leitungen in Gebäuden.
§ 25. Isolier- und Befestigungskörper.
§ 26. Rohre.
§ 27. Kabel.

H. Behandlung verschiedener Räume.
§ 28. Elektrische Betriebsräume.
§ 29. Abgeschlossene elektrische Betriebsräume.
§ 30. Betriebstätten.
§ 31. Feuchte, durchtränkte und ähnliche Räume.
§ 32. Akkumulatorenräume.
§ 33. Betriebstätten und Lagerräume mit ätzenden Dünsten.
§ 34. Feuergefährliche Betriebstätten und Lagerräume.
§ 35. Explosionsgefährliche Betriebstätten und Lagerräume.
§ 36. Schaufenster, Warenhäuser und ähnliche Räume, wenn darin leicht entzündliche Stoffe aufgestapelt sind.

J. Provisorische Einrichtungen, Prüffelder und Laboratorien.
§ 37.

K. Theater und diesen gleichzustellende Versammlungsräume.
§ 38. Allgemeine Bestimmungen.
§ 39. Bestimmungen für das Bühnenhaus.

L. Weitere Vorschriften für Bergwerke unter Tage.
§ 40. Verlegung in Schächten. Elektrische Schachtsignalanlagen.

§ 41. Schlagwettergefährliche Grubenräume.
§ 42. Fahrdrähte und Zubehör elektrischer Grubenbahnen.
§ 43. Fahrzeuge elektrischer Grubenbahnen.
§ 44. Abteufbetrieb.
§ 45. Schießbetrieb (im Anschluß an Starkstromanlagen).
§ 46. Betriebe im Abbau.

§ 47.   La. Leitsätze für Bagger.

M. Inkrafttreten der Errichtungsvorschriften.
§ 48.

II. Betriebsvorschriften.

§ 1. Erklärungen.
§ 2. Zustand der Anlagen.
§ 3. Warnungstafeln, Vorschriften und schematische Darstellungen.
§ 4. Allgemeine Pflichten der im Betriebe Beschäftigten.
§ 5. Bedienung elektrischer Anlagen.
§ 6. Maßnahmen zur Herstellung und Sicherung des spannungfreien Zustandes.
§ 7. Maßnahmen bei Unterspannungsetzung der Anlage.
§ 8. Arbeiten unter Spannung.
§ 9. Arbeiten in der Nähe von Hochspannung führenden Teilen.
§ 10. Zusatzbestimmungen für Akkumulatorenräume.
§ 11. Zusatzbestimmungen für Arbeiten in explosionsgefährlichen, durchtränkten und ähnlichen Räumen.
§ 12. Zusatzbestimmungen für Arbeiten an Kabeln.
§ 13. Zusatzbestimmungen für Arbeiten an Freileitungen.
§ 14. Zusatzbestimmungen für Arbeiten in Prüffeldern und Laboratorien.
§ 15. Inkrafttreten der Betriebsvorschriften.

I. Errichtungsvorschriften[1]).

§ 1.
Geltungsbereich.

Die hierunter stehenden Bestimmungen gelten für elektrische Starkstromanlagen oder Teile solcher, mit Ausnahme

---

[1]) Bei der Errichtung elektrischer Starkstromanlagen sind, soweit die Anlagen oder einzelne Teile unter Spannung stehen, auch die Betriebsvorschriften zu beachten.

von im Erdboden verlegten Leitungsnetzen, elektrischen Straßenbahnen und straßenbahnähnlichen Kleinbahnen, Fahrzeugen über Tage und elektrochemischen Betriebsapparaten.

‖ 1. **Im Gegensatz zu den mit Buchstaben bezeichneten Absätzen, die grundsätzliche Vorschriften, darstellen, enthalten die mit Ziffern versehenen Absätze Ausführungsregeln. Letztere geben an, wie die Vorschriften mit den üblichen Mitteln im allgemeinen zur Ausführung gebracht werden sollen, wenn nicht im Einzelfall besondere Gründe eine Abweichung rechtfertigen.**

Die zwischen ⚒‖‖stehenden Zusätze gelten nur für elektrische Starkstromanlagen in Bergwerken unter Tage, abgekürzt: in B. u. T.

A. Erklärungen.

§ 2.

a) **Niederspannungsanlagen.** Anlagen mit effektiven Gebrauchspannungen bis 250 V zwischen beliebigen Leitern sind ohne weiteres als Niederspannungsanlagen zu behandeln; Mehrleiteranlagen mit Spannungen bis 250 V zwischen Nulleiter und einem beliebigen Außenleiter nur dann, wenn der Nulleiter geerdet ist. Bei Akkumulatoren ist die Entladespannung maßgebend.

Alle übrigen Starkstromanlagen gelten als Hochspannungsanlagen.

b) **Feuersichere, wärmesichere und feuchtigkeitsichere Gegenstände.**

Feuersicher ist ein Gegenstand, der entweder nicht entzündet werden kann oder nach Entzündung nicht von selbst weiterbrennt.

Wärmesicher ist ein Gegenstand, der bei der höchsten betriebsmäßig vorkommenden Temperatur keine den Gebrauch beeinträchtigende Veränderung erleidet.

Feuchtigkeitsicher ist ein Gegenstand, der sich im Gebrauch durch Feuchtigkeitsaufnahme nicht so verändert, daß er für die Benutzung ungeeignet wird.

c) **Freileitungen.** Als Freileitungen gelten alle oberirdischen Leitungen außerhalb von Gebäuden, die weder eine metallische Schutzhülle noch eine Schutzverkleidung haben, einschließlich der zugehörigen Hausanschlußleitungen.

d) Als **Leitungen oder Installation im Freien** gelten Fahrleitungen und im Freien befindliche Teile von Anlagen. Übersteigt die Entfernung der Leitungstützpunkte 20 m, so sind die Vorschriften für Freileitungen (§ 22) anzuwenden.

e) **Elektrische Betriebsräume.** Als elektrische Betriebsräume gelten Räume, die wesentlich zum Betrieb elektrischer Maschinen oder Apparate dienen und in der Regel nur unterwiesenem Personal zugänglich sind.

f) Abgeschlossene elektrische Betriebsräume. Als abgeschlossene elektrische Betriebsräume werden solche Räume bezeichnet, die nur zeitweise durch unterwiesenes Personal betreten, im übrigen aber unter Verschluß gehalten werden, der nur durch beauftragte Personen geöffnet werden darf.

g) Betriebstätten. Als Betriebstätten werden diejenigen Räume bezeichnet, die im Gegensatz zu elektrischen Betriebsräumen auch anderen als elektrischen Betriebsarbeiten dienen und nichtunterwiesenem Personal regelmäßig zugänglich sind.

h) Feuchte, durchtränkte und ähnliche Räume. Als solche gelten Betriebs- oder Lagerräume gewerblicher und landwirtschaftlicher Anlagen, in denen erfahrungsgemäß durch Feuchtigkeit oder Verunreinigungen (besonders chemischer Natur) die dauernde Erhaltung normaler Isolation erschwert oder der elektrische Widerstand des Körpers der darin beschäftigten Personen erheblich vermindert wird.

Heiße Räume sind als durchtränkte zu betrachten, wenn die darin beschäftigten Personen ähnlichen Einwirkungen ausgesetzt sind.

i) Feuergefährliche Betriebstätten und Lagerräume. Als feuergefährliche Betriebstätten und Lagerräume gelten Räume, in denen leicht entzündliche Gegenstände hergestellt, verarbeitet oder angehäuft werden, sowie solche, in denen sich betriebsmäßig entzündliche Gemische von Gasen, Dämpfen, Staub oder Fasern bilden können.

k) Explosionsgefährliche Betriebstätten und Lagerräume. Als explosionsgefährlich gelten Räume, in denen explosible Stoffe hergestellt, verarbeitet oder aufgespeichert werden oder leicht explosible Gase, Dämpfe oder Gemische solcher mit Luft erfahrungsgemäß sich ansammeln.

l) Schlagwettergefährliche Grubenräume. Als schlagwettergefährliche Grubenräume gelten diejenigen, die von der zuständigen Bergbehörde als solche bezeichnet werden; alle anderen gelten als nicht schlagwettergefährlich.

m) Betriebsarten. Bei Dauerbetrieb ist die Betriebzeit so lang, daß die dem Beharrungzustand entsprechende Endtemperatur erreicht wird. Die der Dauerleistung entsprechende Stromstärke wird als „Dauerstromstärke" bezeichnet.

Bei aussetzendem Betrieb wechseln Einschaltzeiten und stromlose Pausen über die gesamte Spieldauer, die höchstens 10 min beträgt, ab. Das Verhältnis von Einschaltdauer zur Spieldauer wird „relative Einschaltdauer" genannt. Die aussetzende Stromstärke, die zum Bewegen der Vollast nach Eintritt der vollen Geschwindigkeit erforderlich ist, wird als „Vollaststromstärke" bezeichnet.

Bei kurzzeitigem Betrieb ist die Betriebzeit kürzer als die zum Erreichen der Beharrungstemperatur erforderliche Zeit und die Betriebspause lang genug, um die Abkühlung auf die Temperatur des Kühlmittels zu ermöglichen.

B. Allgemeine Schutzmaßnahmen.
§ 3.

Schutz gegen Berührung. Nullung und Erdung.

a) Die unter Spannung gegen Erde stehenden, nicht mit Isolierstoff bedeckten Teile müssen im Handbereich gegen zufällige Berührung geschützt sein. Bei Spannungen bis 40 V gegen Erde ist dieser Schutz im allgemeinen entbehrlich. (Weitere Ausnahmen siehe § 28a.)

Für Fahrleitungen von Bahnen in Bergwerken unter Tage gelten besondere Vorschriften (siehe § 42).

    1. Abdeckungen, Schutzgitter und dergleichen sollen der zu erwartenden Beanspruchung entsprechend mechanisch widerstandsfähig sein und zuverlässig befestigt werden.

In B. u. T. sollen alle Schutzverkleidungen so angebracht sein, daß sie nur mit Hilfe von Werkzeugen entfernt werden können.

b) Bei Hochspannung müssen sowohl die blanken als auch die mit Isolierstoff bedeckten, unter Spannung gegen Erde stehenden Teile durch ihre Lage, Anordnung oder besondere Schutzvorkehrungen der Berührung entzogen sein. (Ausnahmen siehe §§ 6c, 8c, 28b und 29a.)

c) Bei Hochspannung müssen alle nicht spannungführenden Metallteile, die Spannung annehmen können, miteinander gut leitend verbunden und geerdet werden, wenn nicht durch andere Mittel eine gefährliche Spannung vermieden oder unschädlich gemacht wird (siehe auch §§ 6b, 8a, 8b und 8c).

d) In Niederspannungsanlagen sind dort, wo eine besondere Gefahr besteht, nicht zum Betriebstromkreis, jedoch zur elektrischen Einrichtung gehörende metallene Bestandteile der elektrischen Einrichtungen, die den Betriebstromkreisen am nächsten liegen oder mit ihnen in Berührung kommen können, zu erden. Ist ein geerdeter Nulleiter praktisch erreichbar, so muß dieser hierzu verwendet werden.

Besondere Gefahren liegen in solchen Räumen vor, in denen der Körperwiderstand durch Feuchtigkeit, Wärme, chemische Einflüsse und andere Ursachen wesentlich herabgesetzt ist, sowie wenn der Benutzer der Anlage mit Metallteilen in Berührung kommt, die infolge eines Fehlers Schluß mit einem Stromleiter bekommen können. Gefahrerhöhend wirkt eine großflächige Berührung, wie sie z. B. durch Umfassen herbeigeführt wird.

2. Als Erdung gilt eine gutleitende Verbindung mit der Erde. Sie soll so ausgeführt werden, daß in der Umgebung des geerdeten Gegenstandes (Standort von Personen) ein den örtlichen Verhältnissen entsprechendes, tunlichst ungefährliches, allmählich verlaufendes Potentialgefälle erzielt wird. Als der Erdung gleichwertig gilt die Verbindung mit dem geerdeten Null iter (siehe § 14 f.)

3. Die Erdungen sollen nach den „Leitsätzen für Nullung und Schutzerdungen in Niederspannungsanlagen" bzw. nach den „*Leitsätzen für Schutzerdungen in Hochspannungsanlagen*" ausgeführt werden.

In B. u. T. sind mehrere verschiedene Erdungen, z. B. in der Wasserseige, im Schachtsumpf, an den Tübbings und über Tage, gleichzeitig anzuwenden und miteinander gut leitend zu verbinden. Die der zufälligen Berührung ausgesetzten, für gewöhnlich nicht spannungführenden Teile der Anlage sind, soweit sie in demselben Raum liegen, untereinander und mit der Erdzuleitung, als welche die Bewehrung eines Kabels, u. zw. Bleimantel und Eisenbewehrung, benutzt werden kann, zu verbinden. Außerdem sind alle sonstigen, der zufälligen Berührung ausgesetzten Metallteile, wie Rohrleitungen, Gleise usw., tunlichst oft an die Erdzuleitung anzuschließen.

4. Erdzuleitungen sollen für die zu erwartende Erdschlußstromstärke bemessen werden mit der Maßgabe, daß Querschnitte über 50 mm² für Kupfer, über 100 mm² für verzinktes oder verbleites Eisen nicht verwendet zu werden brauchen, und mit der Maßgabe, daß in elektrischen Betriebsräumen Kupferquerschnitte unter 16 mm² nicht verwendet werden sollen. Für Anschlußleitungen an die Haupterdungsleitung von weniger als 5 m Länge genügt in jedem Falle ein Kupferquerschnitt von 16 mm². In anderen Räumen soll der Kupferquerschnitt 4 mm² nicht unterschreiten.

5. Die Erdzuleitungen sollen möglichst sichtbar und geschützt gegen mechanische und chemische Zerstörungen verlegt und ihre Anschlußstellen der Nachprüfung zugänglich sein.

Es empfiehlt sich, den Nulleiter in seinem ganzen Verlauf fabrikationsmäßig zu kennzeichnen.

e) Schutzverkleidungen aus Pappe oder ähnlichen wenig widerstandsfähigen Stoffen dürfen in B. u. T. nicht angewendet werden. Holz ist unter Umtänden zulässig.

§ 4.
Übertritt von Hochspannung.

a) Maßnahmen müssen getroffen werden, die bestimmt sind, dem Auftreten unzulässig hoher Spannungen in Verbrauchstromkreisen vorzubeugen.

§ 5.
Isolationszustand.

a) Jede Starkstromanlage muß einen angemessenen Isolationszustand haben.

1. Isolationsprüfungen sollen tunlichst mit der Betriebspannung, mindestens aber mit 100 V ausgeführt werden.

2. Bei Isolationsprüfungen durch Gleichstrom gegen Erde soll, wenn tunlich, der negative Pol der Stromquelle an die zu prüfende Leitung gelegt werden. Bei Isolationsprüfungen mit Wechselstrom ist die Kapazität zu berücksichtigen.

3. Wenn bei diesen Prüfungen nicht nur die Isolation zwischen den Leitungen und Erde, sondern auch die Isolation je zweier Leitungen gegeneinander geprüft wird, so sollen alle Glühlampen, Bogenlampen, Motoren oder andere Strom verbrauchende Apparate von ihren Leitungen abgetrennt, dagegen alle vorhandenen Beleuchtungskörper angeschlossen, alle Sicherungen eingesetzt und alle Schalter geschlossen sein. Reihenstromkreise sollen jedoch nur an einer einzigen Stelle geöffnet werden, die tunlichst nahe der Mitte zu wählen ist. Dabei sollen die Isolationswiderstände den Bedingungen der Regel 4 genügen.

4. Der Isolationszustand einer Niederspannungsanlage, mit Ausnahme der Teile unter 5, gilt als angemessen, wenn der Stromverlust auf jeder Teilstrecke zwischen zwei Sicherungen oder hinter der letzten Sicherung bei der Betriebspannung ein Milliampere nicht überschreitet. Der Isolationswert einer derartigen Leitungstrecke sowie jeder Verteilungstafel sollte hiernach wenigstens betragen: 1000 Ω multipliziert mit der Betriebspannung in V (z. B. 220 000 Ω für 220 V Betriebspannung). Für Maschinen, Akkumulatoren und Transformatoren wird auf Grund dieser Vorschriften ein bestimmter Isolationswiderstand nicht gefordert.

5. Freileitungen und diejenigen Teile von Anlagen, die in feuchten und durchtränkten Räumen, z. B. in Brauereien, Färbereien, Gerbereien usw., oder im Freien verlegt sind, brauchen der Regel 4 nicht zu genügen. Wo eine größere Anlage feuchte Teile enthält, sollen sie bei der Isolationsprüfung abgeschaltet sein, und die trockenen Teile sollen der Regel 4 genügen.

In B. u. T. gilt dies auch für Räume, in denen Tropfwasser auftritt, und für durchtränkte Grubenräume; vorausgesetzt ist hierbei, daß sich die elektrischen Einrichtungen sonst in bester Ordnung befinden.

6. Lackierung und Emaillierung von Metallteilen gilt nicht als Isolierung im Sinne des Berührungsschutzes.

Als Isolierstoffe für Hochspannung gelten faserige oder poröse Stoffe, die mit geeigneter Isoliermasse getränkt sind, ferner feste feuchtigkeitssichere Isolierstoffe.

Material wie Holz und Fiber soll nur unter Öl und nur mit geeigneter Isoliermasse getränkt als Isolierstoff angewendet werden (Ausnahme siehe § 12^1). Die nicht polierten Flächen von Steinplatten sind durch einen geeigneten Anstrich gegen Feuchtigkeit zu schützen.

In B. u. T. sollen Steinplatten (Marmor, Schiefer und dergleichen) nur unter Öl Anwendung finden.

C. Maschinen, Transformatoren und Akkumulatoren.
§ 6.
Elektrische Maschinen.

a) Elektrische Maschinen sind so aufzustellen, daß etwa im Betriebe der elektrischen Einrichtung auftretende Feuererscheinungen keine Entzündung von brennbaren Stoffen der Umgebung hervorrufen können.

b) Bei Hochspannung müssen die Körper elektrischer Maschinen entweder geerdet und, soweit der Fußboden in ihrer Nähe leitend ist, mit diesem leitend verbunden sein oder sie müssen gut isoliert aufgestellt und in diesem Falle mit einem gut isolierenden Bedienungsgange umgeben sein.

c) Die spannungführenden Teile der Maschinen und die zugehörigen Verbindungsleitungen unterliegen nur den Vorschriften über Berührungschutz nach § 3a. *Bei Hochspannung müssen auch die mit Isolierstoff bedeckten Teile gegen zufällige Berührung geschützt sein.*

Soweit dieser Schutz nicht schon durch die Bauart der Maschine selbst erzielt wird, muß er bei der Aufstellung durch Lage, Anordnung oder besondere Schutzvorkehrungen erreicht werden.

Verschläge für luftgekühlte Motoren müssen so beschaffen und bemessen sein, daß ihre Entzündung ausgeschlossen und die Kühlung der Motoren nicht behindert ist.

d) Die äußeren spannungführenden Teile der Maschinen müssen auf feuersicheren Unterlagen befestigt sein.

e) Elektrische Maschinen müssen ein Leistungschild besitzen, auf dem die in den §§ 80 und 81 der „Regeln für die Bewertung und Prüfung elektrischer Maschinen (R.E.M.)" geforderten Angaben vermerkt sind.

§ 7.
Transformatoren.

a) Bei Hochspannung müssen Transformatoren entweder in geerdete Metallgehäuse eingeschlossen oder in besonderen Schutzverschlägen untergebracht sein. Ausgenommen von dieser Vorschrift sind Transformatoren in abgeschlossenen elektrischen Betriebsräumen (siehe § 29) und solche, die nur mit besonderen Hilfsmitteln zugänglich sind.

Verschläge für selbstgekühlte Transformatoren müssen so beschaffen und bemessen sein, daß ihre Entzündung ausgeschlossen und die Kühlung der Transformatoren nicht behindert ist.

b) An Hochspannungstransformatoren, deren Körper nicht betriebsmäßig geerdet ist, müssen Vorrichtungen angebracht sein, die gestatten, die Erdung des Körpers gefahrlos vorzunehmen oder die Transformatoren allseitig abzuschalten.

c) Die spannungführenden Teile der Transformatoren und die zugehörigen Verbindungsleitungen unterliegen nur den Vorschriften über Berührungschutz nach § 3 a.

d) Die äußeren spannungführenden Teile der Transformatoren müssen auf feuersicheren Unterlagen befestigt sein.

e) Transformatoren müssen ein Leitungschild besitzen, auf dem die in den §§ 63—65 der „Regeln für die Bewertung und Prüfung von Transformatoren (R.E.T.)" geforderten Angaben vermerkt sind.

§ 8.
Akkumulatoren (siehe auch § 32).

a) Die einzelnen Zellen sind gegen das Gestell, letzteres ist gegen Erde durch feuchtigkeitsichere Unterlagen zu isolieren.

b) Bei Hochspannung müssen die Batterien mit einem isolierenden Bedienungsgang umgeben sein.

c) Die Batterien müssen so angeordnet sein, daß bei der Bedienung eine zufällige gleichzeitige Berührung von Punkten, zwischen denen eine Spannung von mehr als 250 V herrscht, nicht erfolgen kann. *Im übrigen gilt bei Hochspannung der isolierende Bedienungsgang als ausreichender Schutz bei zufälliger Berührung unter Spannung stehender Teile.*

1. Bei Batterien, die 1000 V oder mehr gegen Erde aufweisen, empfiehlt es sich, abschaltbare Gruppen von nicht über 500 V zu bilden.

d) Zelluloid darf bei Akkumulatorenbatterien für mehr als 16 V Spannung außerhalb des Elektrolyten und als Material für Gefäße nicht verwendet werden.

D. Schalt- und Verteilungsanlagen.
§ 9.

a) Schalt- und Verteilungstafeln, Schaltgerüste und Schaltkasten müssen aus feuersicherem Isolierstoff oder aus Metall bestehen. Holz ist als Umrahmung, Schutzhülle und Schutzgeländer zulässig.

b) Bei Schalttafeln und Schaltgerüsten, die betriebsmäßig auf der Rückseite zugänglich sind, müssen die Gänge hinreichend breit und hoch sein und von Gegenständen freigehalten werden, die die freie Bewegung stören.

1. Die Entfernung zwischen ungeschützten, Spannung gegen Erde führenden Teilen der Schaltanlage und der gegenüberliegenden Wand soll bei Niederspannung etwa 1 m, *bei Hochspannung etwa 1,5 m betragen*. Sind beiderseits ungeschützte, Spannung gegen Erde führende Teile in erreichbarer Höhe angebracht, so sollen sie in der Horizontalen etwa 2 m voneinander entfernt sein.

In Gängen sollen Hochspannung führende Teile besonders geschützt sein, wenn sie weniger als 2,5 m hoch liegen.

In B. u. T. genügt für Schaltgänge, in denen die spannungführenden Teile der einzelnen Schaltzellen durch Schutztüren besonders abgeschlossen sind, eine freie Breite, die den dort auszuführenden Arbeiten entspricht; doch soll sie nicht geringer als 1 m sein. In Gängen, die nur Kabelendverschlüsse, Sammelschienen und Leitungsverbindungen unter Schutz gegen zufällige Berührung enthalten, die also nicht betriebsmäßig, sondern nur zur Nachprüfung betreten werden, kann die freie Breite bis auf 0,6 m verringert werden.

c) Schalt- und Verteilungstafeln, -gerüste und -kasten mit unzugänglicher Rückseite müssen so beschaffen sein, daß nach ihrer betriebsmäßigen Befestigung an der Wand die Leitungen derart angelegt und angeschlossen werden können, daß die Zuverlässigkeit der Leitungsanschlußstellen von vorn geprüft werden kann. Die Klemmstellen der Zu- und Ableitungen dürfen nicht auf der Rückseite der Tafeln oder Gerüste liegen.

2. Verteilungstafeln sollen durch eine Umrahmung oder ähnliche Mittel so geschützt sein, daß Fremdkörper nicht an die Rückseite der Tafel gelangen können.

3. Der Mindestabstand spannungführender, rückseitig angeordneter Teile von der Wand soll bei Schalt- und Verteilungstafeln und -gerüsten nach c) 15 mm betragen.

Werden hinter diesen metallene oder metallumkleidete Rohre oder Rohrdrähte geführt, so gilt der gleiche Mindestabstand zwischen den genannten spannungführenden Teilen und den Rohren oder Rohrdrähten.

d) In jeder Verteilungsanlage sind für die einzelnen Stromkreise Bezeichnungen anzubringen, die näheren Aufschluß über die Zugehörigkeit der angeschlossenen Leitungen mit ihren Schaltern, Sicherungen, Meßgeräten usw. geben.

4. Nachträglich zu der Schaltanlage hinzukommende Apparate sollen entweder auf die bestehenden Unterlagen und Umrahmungen oder auf ordnungsmäßig gebaute und installierte Zusatztafeln oder -gerüste gesetzt werden.

5. Bei Schaltanlagen, die für verschiedene Stromarten und Spannungen bestimmt sind, sollen die Einrichtungen für jede Stromart und Spannung entweder auf getrennten und entsprechend bezeichneten Feldern angeordnet oder deutlich gekennzeichnet sein.

6. Bei Schaltanlagen, die von der Rückseite betriebsmäßig zugänglich sind, soll die Polarität oder Phase von Leitungschienen und dergleichen kenntlich gemacht sein. Die Bedeutung der benutzten Farben und Zeichen soll bekanntgegeben werden.

e) In jeder Verteilungschaltanlage müssen die Zuführungsleitungen durch Schalter, Trennschalter oder Sicherung, *bei Spannungen von über 500 V durch Leistungschalter*, abtrennbar sein (vgl. § 21i).

E. Apparate.
§ 10.
Allgemeines.

a) Die äußeren spannungführenden Teile und, soweit sie betriebsmäßig zugänglich sind, auch die inneren müssen auf feuer-, wärme- und feuchtigkeitsicheren Körpern angebracht sein.

Abdeckungen und Schutzverkleidungen müssen mechanisch widerstandsfähig und wärmesicher sein. Solche aus Isolierstoff, die im Gebrauch mit einem Lichtbogen in Berührung kommen können, müssen auch feuersicher sein (Ausnahme siehe § 15b). Sie müssen zuverlässig befestigt werden und so ausgebildet sein, daß die Schutzumhüllungen der Leitungen in diese Schutzverkleidungen eingeführt werden können.

b) Die Apparate sind so zu bemessen, daß sie durch den stärksten normal vorkommenden Betriebstrom keine für den Betrieb oder die Umgebung gefährliche Temperatur annehmen können.

c) Die Apparate müssen so gebaut oder angebracht sein, daß einer Verletzung von Personen durch Splitter, Funken, geschmolzenes Material oder Stromübergänge bei ordnungsmäßigem Gebrauch vorgebeugt wird (siehe auch § 3).

d) Die Apparate müssen so gebaut und angebracht sein, daß für die anzuschließenden Drähte (auch an den Einführungstellen) eine genügende Isolation gegen benachbarte Gebäudeteile, Leitungen und dergleichen erzielt wird.

1. Bei dem Bau der Apparate soll bereits darauf geachtet werden, daß die unter Spannung gegen Erde stehenden Teile der zufälligen Berührung entzogen werden können. (Ausnahme siehe § 15b.)
2. Griffe, Handräder und dergleichen können aus Isolierstoff oder Metall bestehen. In letzterem Falle ist § 3d zu berücksichtigen. Bei Spannungen bis 1000 V sind metallene Griffe, Handräder und dergleichen, die mit einer haltbaren Isolierschicht vollständig überzogen sind, auch ohne Erdung zulässig.

Bei Spannungen über 1000 V sollen isolierende Griffe (entweder ganz aus Isolierstoff oder nur damit überzogen) so eingerichtet sein, daß sich zwischen der bedienenden Person und den spannungführenden Teilen eine geerdete Stelle befindet. Ganz aus Isolierstoff bestehende Schaltstangen sind von dieser Bestimmung ausgenommen.

e) Ortsfeste Apparate müssen für Anschluß der Leitungsdrähte durch Verschraubung oder gleichwertige Mittel eingerichtet sein (siehe auch § 21[13]).

f) Metallteile, für die eine Erdung in Frage kommen kann, müssen mit einem Erdungsanschluß versehen sein.

g) Alle Schrauben, die Kontakte vermitteln, müssen metallenes Muttergewinde haben.

h) Bei ortsveränderlichen oder beweglichen Apparaten müssen die Anschluß- und Verbindungstellen von Zug entlastet sein.

i) Bei ortsveränderlichen Stromverbrauchern bis 250 V und bis zu einer Nennaufnahme von 2000 W bei höchstens 20 A darf der Stecker auch zum In- und Außerbetriebsetzen dienen; in allen anderen Fällen müssen besondere Schalter vorgesehen werden.

k) Der Verwendungsbereich (Stromstärke, Spannung, Stromart usw.) muß, soweit es für die Benutzung notwendig ist, auf den Apparaten angegeben sein.

l) Alle Apparate müssen am Hauptteil ein Ursprungzeichen tragen.

§ 11.
Schalter.

a) Alle Schalter, die zur Stromunterbrechung dienen, müssen so gebaut sein, daß beim ordnungsmäßigen Öffnen unter normalem Betriebstrom kein Lichtbogen bestehen bleibt. (Ausnahme siehe § 28 d.) Sie müssen mindestens für 250 V gebaut sein.

Schalterabdeckungen mit offenen Schlitzen sind nicht zulässig.

1. Schalter für Niederspannung bis 5 kW sollen in der Regel Momentschalter sein.

2. Ausschalter sollen in der Regel nur an den Verbrauchsapparaten selbst oder in festverlegten Leitungen angebracht werden. Am Ende beweglicher Leitungen sind Schalter nur zulässig, wenn die Anschlußstellen der Leitungen an beiden Enden von Zug entlastet sind und die Leitungen nicht mit leicht entzündlichen Gegenständen in Berührung kommen können.

b) Nennstromstärke und Nennspannung sind auf dem Hauptteil des Schalters zu vermerken.

c) Der Berührung zugängliche Gehäuse und Griffe müssen, wenn sie nicht geerdet sind, aus nichtleitendem Baustoff bestehen oder mit einer haltbaren Isolierschicht ausgekleidet oder umkleidet sein.

d) Griffdorne für Hebelschalter, Achsen von Dosen- und Drehschaltern und diesen gleichwertige Betätigungsteile dürfen nicht spannungführend sein.

Griffe für Hebelschalter müssen so stark und mit dem Schalter so zuverlässig verbunden sein, daß sie den auftretenden mechanischen Beanspruchungen dauernd standhalten und sich bei Betätigung des Schalters nicht lockern.

e) Ausschalter für Stromverbraucher müssen, wenn sie geöffnet werden, alle Pole ihres Stromkreises, die unter Spannung gegen Erde stehen, abschalten. Ausschalter für

Niederspannung, die kleinere Glühlampengruppen bedienen, unterliegen dieser Vorschrift nicht.

Trennschalter sind so anzubringen, daß sie nicht durch das Gewicht der Schaltmesser von selbst einschalten können.

3. Als kleinere Glühlampengruppen gelten solche, die nach § 14¹ mit 6 A gesichert sind.

f) An Hochspannungschaltern muß die Schaltstellung erkennbar sein.

Kriechströme über die Isolatoren müssen bei Spannungen über 1500 V durch eine geerdete Stelle abgeleitet werden.

Hochspannungsölschalter in großen Schaltanlagen sind so einzubauen, daß zwischen ihnen und der Stelle, von der aus sie bedient werden, eine Schutzwand besteht.

4. Als große Schaltanlagen gelten solche, deren Sammelschienen mehr als 10 000 kW abgeben. Die Schutzwand soll die Bedienenden gegen Flammen und brennendes Öl schützen.

g) Vor gekapselten Hochspannungschaltern, die sicht ausschließlich als Trennschalter dienen, müssen bei Spannungen über 1500 V erkennbare Trennstellen vorgesehen sein.

⚒ | *In B. u. T. gilt diese Vorschrift bereits von 500 V ab.* |

5. Unter Umständen kann eine gemeinsame Trennstelle für mehrere eingekapselte Schalter genügen. Bei parallel geschalteten Kabeln und Ringleitungen sollen nicht nur vor, sondern auch hinter eingekapselten Schaltern erkennbare Trennstellen vorgesehen werden.

h) Nulleiter und betriebsmäßig geerdete Leitungen dürfen entweder gar nicht oder nur zwangläufig zusammen mit den übrigen zugehörigen Leitungen abtrennbar sein. (Ausnahme siehe § 28e.)

§ 12.
Anlasser und Widerstände.

a) Anlasser und Widerstände, an denen Stromunterbrechungen vorkommen, müssen so gebaut sein, daß bei ordnungsmäßiger Bedienung kein Lichtbogen bestehen bleibt (vgl. „Vorschriften für die Konstruktion und Prüfung von Schaltapparaten für Spannungen bis einschließlich 750 V", § 29¹).

b) Die Anbringung besonderer Ausschalter (siehe § 11e) ist bei Anlassern und Widerständen nur dann notwendig, wenn der Anlasser nicht selbst den Stromverbraucher allpolig abschaltet.

1. In eingekapselten Steuerschaltern ist bis 1000 V Holz, das durch geeignete Behandlung feuchtigkeitsicher und wärmesicher gemacht ist, auch außerhalb eines Ölbades zulässig, abgesehen von Räumen mit ätzenden Dünsten (siehe § 33¹).

2. Die stromführenden Teile von Anlassern und Widerständen sollen mit einer Schutzverkleidung aus feuersicherem Stoff versehen sein. (Ausnahmen siehe § 28¹ und 39h). Diese Apparate sollen auf feuersicherer Unterlage und zwar freistehend oder an feuersicheren Wänden und von entzündlichen Stoffen genügend entfernt angebracht werden.

c) Bei Apparaten mit Handbetrieb darf die Achse der Betätigungsvorrichtung nicht spannungführend sein.

d) Kontaktbahn und Anschlußstellen müssen mit einer widerstandsfähigen, zuverlässig befestigten und abnehmbaren Abdeckung versehen sein; sie darf keine Öffnung enthalten, die eine unmittelbare Berührung spannungführender Teile zuläßt (Ausnahmen siehe §§ 28 und 29).

§ 13.
Steckvorrichtungen.

a) Nennstromstärke und Nennspannung müssen auf Dose und Stecker verzeichnet sein.

Stecker dürfen nicht in Dosen für höhere Nennstromstärke und Nennspannung passen.

An den Steckvorrichtungen müssen die Anschlußstellen der ortsveränderlichen oder beweglichen Leitungen von Zug entlastet sein.

Die Kontakte in Steckdosen müssen der unmittelbaren Berührung entzogen sein.

b) Soweit nach § 14 Sicherungen an der Steckvorrichtung erforderlich sind, dürfen sie nicht im beweglichen Teil angebracht werden.

1. Wenn an ortsveränderlichen Stromverbrauchern eine Steckvorrichtung angebracht wird, so soll die Dose mit der Leitung und der Stecker mit dem Stromverbraucher verbunden sein.

c) Der Berührung zugängliche Teile der Dosen und Steckerkörper müssen, wenn sie nicht für Erdung eingerichtet sind, aus Isolierstoff bestehen.

Erdverbindungen der Stecker müssen hergestellt sein, bevor die Polkontakte sich berühren.

d) Bei Hochspannung müssen Steckvorrichtungen so gebaut sein, daß das Einstecken und Ausziehen des Steckers unter Spannung verhindert wird.

Bei Zwischenkupplungen ortsveränderlicher Leitungen genügt es, wenn ihre Betätigung durch Unberufene verhindert ist.

§ 14.
Stromsicherungen (Schmelzsicherungen und Selbstschalter).

a) Schmelzsicherungen und Selbstschalter sind so zu bemessen oder einzustellen, daß die von ihnen geschützten Leitungen keine gefährliche Erwärmung annehmen können; sie müssen so eingerichtet oder angeordnet sein, daß ein etwa auftretender Lichtbogen keine Gefahr bringt.

Geflickte Sicherungstöpsel sind verboten.

1. Die Stärke der Schmelzsicherung soll der Betriebstromstärke der zu schützenden Leitungen und der Stromverbraucher tunlichst angepaßt werden. Sie soll jedoch nicht größer sein, als nach der Belastungstafel und den übrigen Regeln des § 20 für die betreffende Leitung zulässig ist.

2. Bei Schmelzsicherungen sollen weiche, plastische Metalle und Legierungen nicht unmittelbar den Kontakt vermitteln, sondern die Schmelzdrähte oder Schmelzstreifen sollen mit Kontaktstücken aus Kupfer oder gleichgeeignetem Metall zuverlässig verbunden sein.

3. Schmelzsicherungen, die nicht spannunglos gemacht werden können, sollen so gebaut oder angeordnet sein, daß sie auch unter Spannung, gegebenenfalls mit geeigneten Hifsmitteln, von unterwiesenem Personal ungefährlich ausgewechselt werden können.

b) Schmelzsicherungen für niedere Stromstärken müssen in Anlagen mit Betriebspannungen bis 500 V so beschaffen sein, daß die fahrlässige oder irrtümliche Verwendung von Einsätzen für zu hohe Stromstärken durch ihre Bauart ausgeschlossen ist (Ausnahme siehe § 28 h). Für niedere Stromstärken dürfen nur Sicherungen mit geschlossenem Schmelzeinsatz verwendet werden.

4. Als niedere Stromstärken gelten hier solche bis 60 A, doch soll für Stromstärken unter 6 A die Unverwechselbarkeit der Schmelzeinsätze nicht gefordert werden.

c) Nennstromstärke und Nennspannung sind sichtbar und haltbar auf dem Hauptteil der Sicherung sowie auf dem Schmelzeinsatz zu verzeichnen.

d) Leitungen sind durch Abschmelzsicherungen oder Selbstschalter zu schützen (Ausnahmen siehe f und g).

5. Bei Niederspannung sollen die Sicherungen an einer den Berufenen leicht zugänglichen Stelle angebracht werden; es empfiehlt sich, solche tunlichst auf besonderer gemeinsamer Unterlage zusammenzubauen.

e) Sicherungen sind an allen Stellen anzubringen, wo sich der Querschnitt der Leitungen nach der Verbrauchstelle hin vermindert, jedoch sind da, wo davorliegende Sicherungen auch den schwächeren Querschnitt schützen, weitere Sicherungen nicht erforderlich.

Sicherungen müssen stets nahe an der Stelle liegen, wo das zu schützende Leitungstück beginnt. Dieses ist bei Schraubstöpselsicherungen stets mit den Gewindeteilen zu verbinden.

6. Bei Abzweigungen kann das Anschlußleitungstück von der Hauptleitung zur Sicherung, wenn seine einfache Länge nicht mehr als etwa 1 m beträgt, von geringerem Querschnitt sein als die Hauptleitung, wenn es von entzündlichen Gegenständen feuersicher getrennt und nicht aus Mehrfachleitungen hergestellt ist.

7. In Gebäuden können bei Niederspannung mehrere Verteilungsleitungen eine gemeinsame Sicherung von höchstens 6 A Nennstromstärke erhalten, ohne Rücksicht auf die verwendeten Leitungsquerschnitte. Stromkreise, in denen nur hochkerzige Glühlampen (mit

Goliathfassungen) von einer Leitung gleichen Querschnittes in Parallelschaltung abgezweigt werden, können eine dem Querschnitt entsprechende gemeinsame Sicherung, höchstens aber eine solche von 15 A erhalten.

f) Betriebsmäßig geerdete Leitungen dürfen im allgemeinen keine Sicherung enthalten.

8. Die Nulleiter von Mehrleiter- oder Mehrphasensystemen sollen keine Sicherungen enthalten. Ausgenommen hiervon sind isolierte Leitungen, die von einem Nulleiter abzweigen und Teile eines Zweileitersystems sind; diese dürfen Sicherungen enthalten, dann aber nicht zur Schutzerdung benutzt werden. Sie dürfen nicht schlechter isoliert sein als die Außenleiter. Wird ein solches System nur einpolig gesichert, so sind die Abzweigungen vom Nulleiter zu kennzeichnen.

g) Die Vorschriften über das Anbringen von Sicherungen beziehen sich nicht auf Freileitungen, Kabel im Erdboden, Leitungen an Schaltanlagen, ferner in elektrischen Betriebsräumen nicht auf die Verbindungsleitungen zwischen Maschinen, Transformatoren, Akkumulatoren, Schaltanlagen und dergleichen, sowie auf Fälle, in denen durch das Wirken einer etwa angebrachten Sicherung Gefahren im Betriebe der betreffenden Einrichtungen hervorgerufen werden könnten (siehe auch § 20^2).

9. Abzweigungen von Freileitungen nach Verbrauchstellen (Hausanschlüsse) sollen, wenn nicht schon an der Abzweigstelle Sicherungen angebracht sind, nach Eintritt in das Gebäude in der Nähe der Einführung gesichert werden.

§ 15.
Andere Apparate.

a) Bei ortsfesten Meßgeräten für Hochspannung müssen die Gehäuse entweder gegen die Betriebspannung sicher isolieren oder sie müssen geerdet sein oder es müssen die Meßgeräte von Schutzkästen umgeben oder hinter Glasplatten derart angebracht sein, daß auch ihre Gehäuse gegen zufällige Berührung geschützt sind (siehe § 3). Die an Meßwandler angeschlossenen Meßgeräte unterliegen dieser Vorschrift nicht, wenn der Sekundärstromkreis gegen den Übertritt von Hochspannung gemäß § 4 geschützt ist.

b) Bei ortsveränderlichen Meßgeräten (auch Meßwandlern) kann von den Forderungen der §§ 10a, 10^1, 10^2 und 10f abgesehen werden.

c) Handapparate für den Hausgebrauch sind nur für Betriebspannungen bis 250 V zulässig. Elektrisch betriebene Handwerkzeuge müssen den „Regeln für die Prüfung und Bewertung von Elektrowerkzeugen" entsprechen.

1. Handapparate sollen besonders sorgfältig ausgeführt und ihre Isolierung soll derart bemessen sein, daß auch bei rauher Behandlung Stromübergänge vermieden werden. Die Bedienungsgriffe der

Handapparate mit Ausnahme derjenigen von Betriebswerkzeugen sollen möglichst nicht aus Metall bestehen und im übrigen so gestaltet sein, daß eine Berührung benachbarter Metallteile erschwert ist.

d) Über den Anschluß ortsveränderlicher Apparate siehe §§ 10 h und 21 n.

F. Lampen und Zubehör.

§ 16.

Fassungen und Glühlampen.

a) Jede Fassung ist mit der Nennspannung zu bezeichnen.

Bei Fassungen verwendete Isolierstoffe müssen wärme-, feuer- und feuchtigkeitsicher sein.

Die unter Spannung gegen Erde stehenden Teile der Fassungen müssen durch feuersichere Umhüllung, die jedoch nicht unter Spannung gegen Erde stehen darf, vor Berührung geschützt sein.

In Anlagen, die mit geerdetem Nulleiter arbeiten, muß bei ortsfesten Lampen das Gewinde der Fassungen mit dem Nulleiter verbunden werden.

In Stromkreisen, die mit mehr als 250 V betrieben werden, müssen die äußeren Teile der Fassungen aus Isolierstoff bestehen und alle spannungführenden Teile der Berührung entziehen. Fassungen mit Mignongewinde sind in solchen Stromkreisen nicht zulässig.

b) Schaltfassungen sind nur für normale Gewinde und für Lampen bis 250 V zulässig, der Schalter muß in der Verbindung zum Mittelkontakt liegen; für Fassungen mit Mignon- und Goliathgewinde sind sie unzulässig.

Schaltfassungen müssen im Innern so gebaut sein, daß eine Berührung zwischen den beweglichen Teilen des Schalters und den Zuleitungsdrähten ausgeschlossen ist. Handhaben zur Bedienung der Schaltfassungen dürfen nicht aus Metall bestehen. Die Schaltachse muß von den spannungführenden Teilen und von dem Metallgehäuse isoliert sein.

⚒ | In B. u. T. sind Schaltfassungen unzulässig. |

c) Die unter Spannung gegen Erde stehenden Teile der Lampen müssen der zufälligen Berührung entzogen sein. Dieser Schutz gegen zufälliges Berühren muß auch während des Einschraubens der Lampen wirksam sein.

d) Glühlampen in der Nähe von entzündlichen Stoffen müssen mit Vorrichtungen versehen sein. die die Berührung der Lampen mit solchen Stoffen verhindern.

e) *In Hochspannungstromkreisen sind zugängliche Glühlampen und Fassungen nur für Gleichstrom und nur für Betriebspannungen bis 1000 V gestattet.*

In B. u. T. sind Glühlampen und Glühlampenfassungen in Hochspannungstromkreisen nur zulässig, wenn sie im Anschluß an vorhandene Gleichstrom-Bahn- oder -Kraftanlagen betrieben werden. Es müssen jedoch in diesem Falle die unter f) geforderten isolierten Fassungen und außerdem Schutzkörbe angewendet werden.

f) In B. u. T. dürfen Glühlampen in erreichbarer Höhe, bei denen die Fassungen äußere Metallteile aufweisen, nur mit starken Überglocken, die die Fassung umschließen, verwendet werden. Die Überglocke ist nicht erforderlich, wenn die äußeren Teile der Fassung aus Isolierstoff bestehen und alle stromführenden Teile der Berührung entzogen sind.

§ 17.
Bogenlampen.

a) An Örtlichkeiten, wo von Bogenlampen herabfallende glühende Kohleteilchen gefahrbringend wirken können, muß dies durch geeignete Vorrichtungen verhindert werden. Bei Bogenlampen mit verminderter Luftzufuhr oder bei solchen mit doppelter Glocke sind keine besonderen Vorrichtungen hierfür erforderlich.

b) Bei Bogenlampen sind die Laternen (Gehänge, Armaturen) gegen die spannungführenden Teile zu isolieren und bei Verwendung von Tragseilen auch diese gegen die Laternen.

1. Die Einführungsöffnungen für die Leitungen an Lampen und Laternen sollen so beschaffen sein, daß die Isolierhüllen nicht verletzt werden. Bei Lampen und Laternen für Außenbeleuchtung ist darauf Bedacht zu nehmen, daß sich in ihnen kein Wasser ansammeln kann.

c) Werden die Zuleitungen als Träger der Bogenlampe verwendet, so müssen die Anschlußstellen von Zug entlastet sein; die Leitungen dürfen nicht verdrillt werden.

Bei Hochspannung dürfen die Zuleitungen nicht als Aufhängevorrichtung dienen.

d) Bei Hochspannung muß die Lampe entweder gegen das Aufzugseil und, wenn sie an einem Metallträger angebracht ist, auch gegen diesen doppelt isoliert sein oder Seil und Träger sind zu erden. Bei Spannungen über 1000 V müssen beide Vorschriften gleichzeitig befolgt werden.

e) Bei Hochspannung müssen Bogenlampen während des Betriebes unzugänglich und von Abschaltvorrichtungen abhängig sein, die gestatten, sie zum Zweck der Bedienung spannunglos zu machen.

f) In B. u. T. sind Bogenlampen in Hochspannungskreisen unzulässig.

§ 18.
Beleuchtungskörper, Schnurpendel und Handleuchter.

a) In und an Beleuchtungskörpern müssen die Leitungen mit einer Isolierhülle gemäß § 19 versehen sein. Fassungsadern dürfen nicht als Zuleitungen zu ortsveränderlichen Beleuchtungskörpern verwendet werden.

Wird die Leitung an der Außenseite des Beleuchtungskörpers geführt, so muß sie so befestigt sein, daß sie sich nicht verschieben und durch scharfe Kanten nicht verletzt werden kann. *Bei Hochspannung dürfen die Leitungen von zugänglichen Beleuchtungskörpern nur geschützt geführt werden.*

1 Die zur Aufnahme von Drähten bestimmten Hohlräume von Beleuchtungskörpern sollen so beschaffen sein, daß die einzuführenden Drähte sicher ohne Verletzung der Isolierung durchgezogen werden können; die engsten für zwei Drähte bestimmten Rohre sollen bei Niederspannung wenigstens 6 mm, *bei Hochspannung wenigstens 12 mm* im Lichten haben.

⚒ | In B. u. T. sollen Rohre an Beleuchtungskörpern für Niederspannung, die für zwei Drähte bestimmt sind, mindestens 11 mm lichte Weite haben. |

2. Bei Niederspannung sollen Abzweigstellen in Beleuchtungskörpern tunlichst zusammengefaßt werden.

3. Bei Hochspannung sollen Abzweig- und Verbindungsstellen in Beleuchtungskörpern nicht angeordnet werden.

4. Beleuchtungskörper sollen so angebracht werden, daß die Zuführungsdrähte nicht durch Bewegen des Körpers verletzt werden können; Fassungen sollen an den Beleuchtungskörpern zuverlässig befestigt sein.

b) Bei Hochspannung sind zugängliche Beleuchtungskörper nur bei Gleichstrom und nur bis 1000 V gestattet. Ihre Metallkörper müssen geerdet sein.

⚒ | Für B. u. T. siehe § 16, e. |

c) Werden die Zuleitungen als Träger des Beleuchtungskörpers verwendet (Schnurpendel), so müssen die Anschlußstellen von Zug entlastet sein.

⚒ | In B. u. T. sind Schnurpendel unzulässig. |

d) Bei Hochspannung sind Schnurpendel unzulässig.

e) Körper und Griff der Handlampen (Handleuchter) müssen aus feuer-, wärme- und feuchtigkeitssicherem Isolierstoff von großer Schlag- und Bruchfestigkeit bestehen. Die spannungführenden Teile müssen auch während des Einsetzens der Lampe, mithin auch ohne Schutzglas, durch ausreichend mechanisch widerstandsfähige und sicher befestigte Verkleidungen gegen zufällige Berührung geschützt sein.

Sie müssen Einrichtungen besitzen, mit deren Hilfe die Anschlußstellen der Leitung von Zug entlastet und deren

Umhüllungen gegen Abstreifen gesichert werden können. Die Einführungsöffnung muß die Verwendung von Werkstattschnüren und Gummischlauchleitungen (siehe § 19 III) gestatten und mit Einrichtungen zum Schutz der Leitungen gegen Verletzung versehen sein.

Metallene Griffauskleidungen sind verboten.

Jeder Handleuchter muß mit Schutzkorb oder -glas versehen sein. Schutzkorb, Schirm, Aufhängevorrichtung aus Metall oder dergleichen müssen auf dem Isolierkörper befestigt sein. Schalter an Handleuchtern sind nur für Niederspannungsanlagen zulässig; sie müssen den Vorschriften für Dosenschalter entsprechen und so in den Körper oder Griff eingebaut werden, daß sie bei Gebrauch des Leuchters nicht unmittelbar mechanisch beschädigt werden können. Alle Metallteile des Schalters müssen auch bei Bruch der Handhabungsteile der zufälligen Berührung entzogen bleiben.

Handleuchter für feuchte und durchtränkte Räume sowie solche zur Beleuchtung in Kesseln müssen mit einem sicher befestigten Überglas und Schutzkorb versehen sein und dürfen keine Schalter besitzen. An der Eintrittstelle müssen die Leitungen durch besondere Mittel gegen das Eindringen von Feuchtigkeit und gegen Verletzung geschützt sein.

f) **Maschinenleuchter ohne Griffe.** Zur ortsveränderlichen Aufhängung an Maschinen und sonstigen Arbeitsgeräten und zum gelegentlichen Ableuchten von Hand müssen Körper, Schirm, Schutzkorb und Schalter den Bestimmungen für Handleuchter entsprechen. Die gleichen Bestimmungen gelten in bezug auf Berührungschutz spannungführender Teile, Bemessung der Einführungsbohrung und hinsichtlich der Einrichtungen für Zugentlastung der Leitungsanschlüsse sowie des Schutzes der Leitungen an der Einführungstelle.

g) **Ortsveränderliche Werktischleuchter.** Spannungführende Teile der Fassung und der Lampe, und zwar die Teile der letztgenannten, auch während diese eingesetzt wird, müssen durch sicher befestigte, besonders widerstandsfähige Schutzkörper gegen zufällige Berührung geschützt sein.

Zur Entlastung der Kontaktstellen und zum Schutz der Leitungsumhüllung gegen Abstreifen und Beschädigung an der Einführungstelle sind geeignete Vorrichtungen vorzusehen. Die Einführungsöffnung muß in dauerhafter Weise mit Isolierstoff ausgekleidet sein. Die spannungführenden Teile der Fassung müssen gegen die übrigen Metallteile besonders sicher isoliert sein. Das Gehäuse der Fassung muß aus Isolierstoff bestehen.

Fassungen an Werktischleuchtern, die zum gelegentlichen Ableuchten aus dem Halter entfernt werden, müssen den Bedingungen für Maschinenleuchter entsprechen.

h) **Faßausleuchter** brauchen diesen Anforderungen nicht zu genügen, wenn sie geerdet oder mit Spannungen unter 50 V betrieben werden.

i) Bei Hochspannung sind Handleuchter nicht zulässig (Ausnahme siehe § 28k)

5. In feuchten und durchtränkten Räumen (vgl. § 2), sowie in Kesseln und ähnlichen Räumen mit gutleitenden Bauteilen, empfiehlt es sich, die Spannung für Handleuchter bei Wechselstrom durch besondere Volltransformatoren auf eine Spannung unter 4o V herabzusetzen.

G. Beschaffenheit und Verlegung der Leitungen.
§ 19.
Beschaffenheit isolierter Leitungen.

a) Isolierte Leitungen müssen den „Normen für isolierte tungen in Starkstromanlagen" entsprechen.

1. Leitungen, die nur durch eine Umhüllung gegen chemische Einflüsse geschützt sind, sollen den „Normen für umhüllte Leitungen in Starkstromanlagen" entsprechen. Sie gelten nicht als isolierte Leitungen. Man unterscheidet folgende Arten:
Wetterfeste Leitungen.
Nulleiterdrähte.
Nulleiter für Verlegung im Erdboden.
2. Man unterscheidet folgende Arten von isolierten Leitungen:

I. Leitungen für feste Verlegung.
Gummiaderleitungen für Spannungen bis 750 V.
Spezialgummiaderleitungen für alle Spannungen.
Rohrdrähte für Niederspannungsanlagen, zur erkennbaren Verlegung, die es ermöglicht, den Leitungsverlauf ohne Aufreißen der Wände zu verfolgen.
Panzeradern nur zur festen Verlegung für Spannungen bis 1000 V.

II. Leitungen für Beleuchtungskörper.
Fassungsadern zur Installation nur in und an Beleuchtungskörpern in Niederspannungsanlagen.
✶ | In B. u. T. ist Fassungsader unzulässig. |
Pendelschnüre zur Installation von Schnurzugpendeln in Niederspannungsanlagen.
✶ | In B. u. T. ist Pendelschnur unzulässig. |

III. Leitungen zum Anschluß ortsveränderlicher Stromverbraucher.
Gummiaderschnüre (Zimmerschnüre) für geringe mechanische Beanspruchung in trockenen Wohnräumen in Niederspannungsanlagen.

Leichte Anschlußleitungen für geringe mechanische Beanspruchung in Werkstätten in Niederspannungsanlagen.
Werkstattschnüre für mittlere mechanische Beanspruchung in Werkstätten- und Wirtschaftsräumen in Niederspannungsanlagen.
Gummischlauchleitungen:
Leichte Ausführung zum Anschluß von Zimmergeräten bis 1000 W in Niederspannungsanlagen.
Verstärkte Ausführung zum Anschluß von Küchengeräten usw. bis 2000 W in Niederspannungsanlagen.
Starke Ausführung für Zwecke, in denen besonders hohe mechanische Anforderungen gestellt werden, für Spannungen bis 750 V.
Spezialschnüre für rauhe Betriebe in Gewerbe, Industrie und Landwirtschaft in Niederspannungsanlagen.
Hochspannungschnüre für Spannungen bis 1000 V.
Leitungstrossen, geeignet zur Führung über Leitrollen und Trommeln (ausgenommen Pflugleitungen).

IV. Bleikabel.
Gummi-Bleikabel.
Papier-Bleikabel.
Einleiter-Gleichstrom-Bleikabel bis 750 V.
Verseilte Mehrleiter-Bleikabel.

§ 20.
Bemessung der Leitungen.

a) Elektrische Leitungen sind so zu bemessen, daß sie bei den vorliegenden Betriebsverhältnissen genügende mechanische Festigkeit haben und keine unzulässigen Erwärmungen annehmen können (vgl. § 2m).

1. Bei Dauerbetrieb dürfen isolierte Leitungen und Schnüre aus Leitungskupfer mit den in der nachstehenden Tafel, Spalte 2, verzeichneten Stromstärken belastet werden:

Blanke Kupferleitungen für Dauerbelastung bis 50 mm² unterliegen gleichfalls den Vorschriften der Tafel (Spalte 2 und 3). Auf blanke Kupferleitungen über 500 mm², sowie auf Fahrleitungen, ferner auf isolierte Leitungen jeden Querschnittes für aussetzende Betriebe finden die Bestimmungen der Spalten 2 und 3 keine Anwendung; solche Leitungen sind in jedem Falle so zu bemessen, daß sie durch den stärksten normal vorkommenden Betriebstrom keine für den Betrieb oder die Umgebung gefährliche Temperatur annehmen. Bei Aufzügen innerhalb von Gebäuden sind die Leitungen so zu verlegen, daß im Falle ihrer Erhitzung keine Feuersgefahr für die Umgebung entsteht.

Für die Belastung von Kabeln gelten die in den „Normen für isolierte Leitungen in Starkstromanlagen" auf Habel bezüglichen Bestimmungen.

2. Bei aussetzendem Betrieb ist die Erhöhung der Belastung der Leitungen von 10 mm² aufwärts auf die Werte des Vollaststromes für aussetzenden Betrieb der Spalte 4, die etwa 40% höher sind als die Werte der Spalte 2, zulässig, falls die relative Einschaltdauer 40% und die Spieldauer 10 min nicht überschreiten. Bedingt die häufige Beschleunigung größerer Massen bei Bemessung des Motors einen Zuschlag zur Beharrungsleistung, so ist dementsprechend auch

der Leitungsquerschnitt reichlicher als für den Vollaststrom im Beharrungzustande zu bemessen.

Bei aussetzenden Motorbetrieben darf die Nennstromstärke der Sicherungen höchstens das 1,5fache der Werte der Spalte 4 betragen.

Der Auslösestrom der Selbstschalter ohne Verzögerung darf bei aussetzenden Motorbetrieben höchstens das 3fache der Werte von Spalte 4 betragen. Bei Selbstschaltern mit Verzögerung muß die Auslösung bei höchstens 1,6fachem .Vollaststrom beginnen und die Verzögerungsvorrichtung bei dem 1,1fachen Wert des Vollaststromes zurückgehen.

1	2	3	4
	Dauerbetrieb		Aussetzender Betrieb
Querschnitt in mm²	Höchste dauernd zulässige Stromstärke in A	Nennstromstärke für entsprechende Abschmelzsicherung in A	Höchstzulässige Vollaststromstärke in A
0,5	7,5	6	7,5
0,75	9	6	9
1	11	6	11
1,5	14	10	14
2,5	20	15	20
4	25	20	25
6	31	25	31
10	43	35	60
16	75	60	105
25	100	80	140
35	125	100	175
50	160	125	225
70	200	160	280
95	240	200	335
120	280	225	400
150	325	260	460
185	380	300	530
240	450	350	630
300	525	430	730
400	640	500	900
500	760	600	—
625	880	700	—
800	1050	850	—
1000	1250	1000	—

3. Bei kurzzeitigem Betrieb gelten die unter 2. genannten Vorschriften für aussetzenden Betrieb, jedoch sind Belastungen nach Spalte 4 nur zulässig, wenn die Dauer einer Einschaltung 4 min nicht überschreitet, anderenfalls gilt Spalte 2.

4. Der geringste zulässige Querschnitt für Kupferleitungen beträgt:
für Leitungen an und in Beleuchtungskörpern, nicht
  aber für Anschlußleitungen an solche (siehe § 18a) . 0,5 mm²
für Pendelschnüre, runde Zimmerschnüre und leichte
  Gummischlauchleitungen . . . . 0,75 ,,
für isolierte Leitungen und für umhüllte Leitungen
  bei Verlegung in Rohr, sowie für ortsveränderliche
  Leitungen mit Ausnahme der Pendelschnüre usw. 1 ,,

für isolierte Leitungen in Gebäuden und im Freien,
bei denen der Abstand der Befestigungspunkte
mehr als 1 m beträgt . . . . 4 mm²
für blanke Leitungen bei Verlegung in Rohr . . . . 1,5 „
für blanke Leitungen in Gebäuden und im Freien
(vgl. auch § 3, Regel 4) . . . . 4 „
für Freileitungen mit Spannweiten bis zu 35 m und
Niederspannung . . . . 6 „
für Freileitungen in allen anderen Fällen . . . . . 10 „
In B. u. T. beträgt der geringst zulässige Querschnitt
für Kupferleitungen an und in Beleuchtungskörpern 1 „
für isolierte Leitungen bei Verlegung auf Isolierkörpern 2,5 „

5. Bei Verwendung von Leitern aus Kupfer von geringerer Leitfähigkeit oder anderen Metallen, z. B. auch bei Verwendung der Metallhülle von Leitungen als Rückleitung, sollen die Querschnitte so gewählt werden, daß sowohl Festigkeit wie Erwärmung durch den Strom den im vorigen für Leitungskupfer gegebenen Querschnitten entsprechen.

§ 21.
Allgemeines über Leitungsverlegung.

a) Festverlegte Leitungen müssen durch ihre Lage oder durch besondere Verkleidung vor mechanischer Beschädigung geschützt sein; soweit sie unter Spannung gegen Erde stehen, ist im Handbereich stets eine besondere Verkleidung zum Schutz gegen mechanische Beschädigung erforderlich. (Ausnahmen siehe §§ 8c, 28g und 30a.)

1. Bei bewehrten Bleikabeln und metallumhüllten Leitungen gilt die Metallhülle als Schutzverkleidung.

Mechanisch widerstandsfähige Rohre (siehe § 26) gelten als Schutzverkleidung.

Panzerader soll gegen chemische und nach den örtlichen Verhältnissen auch gegen mechanische Angriffe geschützt werden.

In B. u. T. sollen metallische Schutzverkleidungen geerdet werden.

b) *Bei Hochspannung müssen Schutzverkleidungen aus Metall geerdet, solche aus Isolierstoff feuersicher sein.*

c) Ortsveränderliche Leitungen und bewegliche Leitungen, die von festverlegten abgezweigt sind, bedürfen, wenn sie rauher Behandlung ausgesetzt sind, eines besonderen Schutzes.

In B. u. T. bedürfen ortsveränderliche Leitungen und bewegliche Leitungen stets eines besonderen Schutzes; besteht der Schutz aus Metallbewehrung, so muß er geerdet sein.

2. In Betriebstätten sollen ungeschützte Schnüre nicht verwendet werden. Besteht der Schutz aus Metallbewehrung, so empfiehlt es sich, ihn zu erden.

d) Geerdete Leitungen können unmittelbar an Gebäuden befestigt oder in die Erde verlegt werden, jedoch ist eine

Beschädigung der Leitungen durch die Befestigungsmittel oder äußere Einwirkung zu verhüten.

    3. Strecken einer geerdeten Betriebsleitung sollen nicht durch Erde allein ersetzt werden.

e) Ungeerdete blanke Leitungen dürfen nur auf zuverlässigen Isolierkörpern verlegt werden.

In B. u. T. sind sie nur als Fahrleitung und in abgeschlossenen elektrischen Betriebsräumen zulässig.

f) Ungeerdete blanke Leitungen müssen, wenn sie nicht unausschaltbare gleichpolige Parallelzweige bilden, in einem der Spannweite, Drahtstärke und Spannung angemessenen Abstand voneinander und von Gebäudeteilen, Eisenkonstruktionen und dergleichen entfernt sein.

    4. Ungeerdete blanke Leitungen sollen, wenn sie nicht unausschaltbare Parallelzweige sind, in der Regel bei Spannweiten von mehr als 6 m etwa 20 cm, bei Spannweiten von 4—6 m etwa 15 cm, bei Spannweiten von 2—4 m etwa 10 cm und bei kleineren Spannweiten etwa 5 cm voneinander, in allen Fällen aber etwa 5 cm von der Wand oder von Gebäudeteilen entfernt sein (siehe § 31²).

    5. Bei Verbindungsleitungen zwischen Akkumulatoren, Maschinen und Schalttafeln und auf Schalttafeln, ferner bei Zellenschalterleitungen und bei parallel geführten Speise-, Steig- und Verteilungsleitungen können starke Kupferschienen sowie starke Kupferdrähte in kleineren Abständen voneinander verlegt werden.

Kleinere Abstände zwischen den Leitungen sind nur zulässig, wenn sie durch geeignete Isolierkörper gewährleistet sind, die nicht mehr als 1 m voneinander entfernt sind.

6. Bei blanken Hochspannungsleitungen sollen als Abstände der Leitungen gegen andere Leitungen, gegen die Wand, Gebäudeteile und gegen die eigenen Schutzverkleidungen folgende Maße eingehalten werden:

Betriebspannung in V	Mindestabstand in cm
bis 750	4
„ 3 000	10
„ 5 000	—
„ 6 000	10
„ 10 000	12,5
„ 15 000	—
„ 25 000	18
„ 35 000	24
„ 50 000	35
„ 60 000	47
„ 100000	—

7. Hochspannungsleitungen sind längs der Außenseite von Gebäuden möglichst zu vermeiden. Ist dies nicht möglich, so sollen die gleichen Abstände wie in Regel 6 eingehalten werden, jedoch bei einem Mindestabstand von 10 cm. Hierbei sind etwaige Schwingungen der gespannten Leitungen zu berücksichtigen (siehe auch § 22 b). Ausgenommen hiervon sind bewehrte Kabel.

g) Isolierte Leitungen ohne metallene Schutzhülle dürfen entweder offen auf geeigneten Isolierkörpern oder in Rohren verlegt werden. Die feste Verlegung von ungeschützten Mehrfachleitungen ist unzulässig.

8. Leitungen sollen in der Regel so verlegt werden, daß sie ausgewechselt werden können (siehe § 26⁴). Rohrdrähte sollen nicht eingemauert oder eingeputzt werden.

9. Isolierte offen verlegte Leitungen sollen bei Niederspannung im Freien mindestens 2 cm, in Gebäuden mindestens 1 cm von der Wand entfernt gehalten werden.

In B. u. T. soll der Abstand mindestens 2 cm von Stößen, Firsten und dergleichen betragen.

10. Isolierte Leitungen mit metallener Schutzhülle (Rohrdrähte, Panzerader usw.) können im Freien an maschinellen Aufbauten und Apparaten, die ständiger Überwachung unterstehen (wie Krane, Schiebebühnen usw.), unmittelbar auf Wänden, Maschinenteilen und dergleichen mit Schellen befestigt werden.

Gegen chemische und atmosphärische Angriffe soll die Schutzhülle gesichert sein.

11. Bei Einrichtungen, an denen ein Zusammenlegen von Leitungen in größerer Zahl unvermeidlich ist (z. B. Regelvorrichtungen, Schaltanlagen), dürfen isolierte Leitungen so verlegt werden, daß sie sich berühren, wenn eine Lagenveränderung ausgeschlossen ist.

12. Bei Hochspannung über 1000 V sollen auf Glocken, Rollen usw. verlegte isolierte Leitungen mit den für blanke Leitungen geforderten Mindestabständen verlegt werden, wenn ihre Isolierhülle nicht gegen Verwitterung geschützt ist. Bei Spannungen unter 1000 V gelten 2 cm als ausreichender Abstand.

h) Bei Leitungen oder Kabeln für Ein- und Mehrphasenstrom, die eisenumhüllt oder durch Eisenrohre geschützt sind, müssen sämtliche zu einem Stromkreise gehörigen Leitungen in der gleichen Eisenhülle enthalten sein, wenn bei Einzelverlegung eine bedenkliche Erwärmung der Eisenhüllen zu befürchten ist (siehe § 26 c).

i) Die Verbindung von Leitungen untereinander, sowie die Abzweigung von Leitungen dürfen nur durch Lötung, Verschraubung oder gleichwertige Mittel bewirkt werden.

In B. u. T. müssen an Schaltstellen die ankommenden Leitungen abtrennbar sein, *bei Spannungen über 500 V durch Leistungsschalter* (vgl. § 9e).

Die zu den Stromverbrauchern führenden Abzweigungen von Hauptleitungen müssen unter Spannung abtrennbar sein.

Innerhalb von Glühlampenstromkreisen, die mit 6 A gesichert sind, bedarf es keiner weiteren Trennstellen.

13. Die Verbindung der Leitungen mit den Apparaten, Maschinen Sammelschienen und Stromverbrauchern soll durch Schrauben oder gleichwertige Mittel ausgeführt werden.

Schnüre oder Drahtseile bis zu 6 mm² und Einzeldrähte bis zu 16 mm² Kupferquerschnitt können mit angebogenen Ösen an den

Apparaten befestigt werden. Drahtseile über 6 mm², sowie Drähte über 16 mm² Kupferquerschnitt sollen mit Kabelschuhen oder gleichwertigen Verbindungsmitteln versehen sein. Bei Schnüren und Drahtseilen jeder Art sollen die einzelnen Drähte jedes Leiters, wenn sie nicht Kabelschuhe oder gleichwertige Verbindungsmittel erhalten, an den Enden miteinander verlötet sein.

14. Verbindungen von Schnüren untereinander oder zwischen Schnüren und anderen Leitungen sollen nicht durch Verlötung, sondern durch Verschraubung auf isolierender Unterlage oder durch gleichwertige Vorrichtungen hergestellt sein. An und in Beleuchtungskörpern sind bei Niederspannung auch für Schnüre Lötungen zulässig.

k) Bei Verbindungen oder Abzweigungen von isolierten Leitungen ist die Verbindungstelle in einer der übrigen Isolierung möglichst gleichwertigen Weise zu isolieren. Wo die Metallbewehrungen und metallischen Schutzverkleidungen geerdet werden müssen, sind sie an den Verbindungstellen gut leitend zu verbinden.

l) Ortsveränderliche Leitungen dürfen an festverlegte nur mit lösbaren Verbindungen angeschlossen werden.

m) Jede ortsveränderliche Leitung muß ihren eigenen Stecker erhalten.

n) Jede ortsveränderliche Leitung muß an den Anschlußstellen ihrer beiden Enden von Zug entlastet und in ihrer Umhüllung sicher gefaßt sein.

o) Kreuzungen stromführender Leitungen unter sich und mit Metallteilen sind so auszuführen, daß Berührung ausgeschlossen ist.

p) Es sind Maßnahmen zu treffen, um die Gefährdung von Fernmeldeleitungen durch Starkstromleitungen zu verhindern.

15. Bezüglich der Sicherung vorhandener Fernsprech- und Telegraphenleitungen wird auf das Gesetz über das Telegraphenwesen des Deutschen Reiches vom 6. April 1892 und auf das Telegraphenwegegesetz vom 18. Dezember 1899 verwiesen.

§ 22.

Freileitungen.

a) Ungeerdete Freileitungen dürfen nur auf Porzellanglocken oder gleichwertigen Isoliervorrichtungen verlegt werden.

b) Freileitungen, sowie Apparate an Freileitungen sind so anzubringen, daß sie ohne besondere Hilfsmittel weder vom Erdboden noch von Dächern, Ausbauten, Fenstern und anderen von Menschen betretenen Stätten aus zugänglich sind; wenn diese Stätten selbst nur durch besondere Hilfsmittel zugänglich sind, genügt es, bei Niederspannung die Leitungstrecken mit wetterfester Umhüllung auszuführen oder besondere Schutzwehren mit Warnungschild anzuordnen. Bei Wegübergängen müssen die Leitungen einen angemessenen Abstand vom Erdboden oder einen geeigneten Schutz gegen Berührung erhalten.

1. Es empfiehlt sich, solche Strecken von Freileitungen, die unter Umständen der Gefahr einer Berührung ausgesetzt sind, neben der Anwendung der gemäß b) verlangten Maßnahmen abschaltbar zu machen.
2. Als wetterfest umhüllte Leitung gilt die in den „Normen für umhüllte Leitungen in Starkstromanlagen" festgelegte Ausführung.

3. Ungeschützte Freileitungen für Hochspannung sollen in der Regel mit ihrem tiefsten Punkten mindesten 6 m von der Erde und bei befahrenen Wegübergängen mindestens 7 m von der Fahrbahn entfernt sein.

c) *Träger und Schutzverkleidungen von Freileitungen, die mehr als 750 V gegen Erde führen, müssen durch einen roten Blitzpfeil sichtbar gekennzeichnet sein.*

d) Leitungen, Schutznetze und ihre Träger müssen genügend widerstandsfähig (auch gegen Winddruck und Schneelast) sein.

Die Ausführung und Bemessung von Freileitungen muß nach den „Normen für Starkstrom-Freileitungen" erfolgen.

4. Freileitungen können mit größeren Stromstärken belastet werden, als der Tabelle in § 20[1] entspricht, wenn dadurch ihre Festigkeit nicht merklich leidet.

e) *Bei Freileitungen für Hochspannung müssen blanke Leitungen verwendet werden; wo ätzende Dünste zu befürchten sind, ist ein schützender Anstrich gestattet.*

f) *Bei Freileitungen für Hochspannung müssen Eisenmaste und Eisenbetonmaste mit Stützenisolatoren geerdet werden. Werden dagegen Hängeisolatorenketten mit mehreren Gliedern verwendet, so wird unter der Voraussetzung die Erdung der Maste nicht gefordert, daß durch erhöhte Gliederzahl ein der nachstehenden Zahlentafel entsprechender Sicherheitsgrad gewährleistet ist und Vorkehrungen getroffen sind, die das Auftreten von Dauererdschlüssen an den Masten unmöglich oder unwahrscheinlich machen, z. B. umgekehrte Tannenform, selbsttätige Erdschlußabschaltung u. dgl.*

Zahlentafel.

verkettete Betriebspannung in kV	Mindestüberschlagsspannung der Kette unter Regen (nach den Richtlinien für die Prüfung von Hängeisolatoren) in kV
50	130
60	150
80	190
100	230

Ferner müssen bei der Führung von Leitungen an Wänden und solchen Holzmasten, die sich an verkehrsreichen Stellen befinden, Isolatorstützen und Träger geerdet werden.

g) In die Betätigungsgestänge von Schaltern an Holzmasten sind Isolatoren einzuschalten, wenn eine zuverlässige Erdung des Schalters nicht gewährleistet werden kann. In diesem Falle ist nicht das Gestell selbst, sondern das Betätigungsgestänge unterhalb der Isolatoren zu erden.

Ankerdrähte an Holzmasten sind, wenn irgend angängig, zu vermeiden. Kann von ihrer Verwendung nicht abgesehen werden, so sollen sie nicht unmittelbar am Eisen der Traversen oder Stützen, sondern am Holz in möglichst großer Entfernung von den Eisenteilen angreifen. Sie sind außerdem über Reichhöhe mit Abspannisolatoren für die volle Betriebspannung zu versehen und unterhalb dieser Isolatoren zu erden.

h) Bei parallel verlaufenden oder sich kreuzenden Freileitungen, die an getrenntem oder gemeinsamem Gestänge geführt sind, sind die Drähte so zu führen oder es sind Vorkehrungen zu treffen, daß eine Berührung der beiden Arten von Leitungen miteinander verhütet oder ungefährlich gemacht wird (siehe auch § 4a).

i) Fernmelde-Freileitungen, die an einem Freileitungsgestänge für Hochspannung geführt sind, müssen so eingerichtet sein, daß gefährliche Spannungen in ihnen nicht auftreten können oder sie sind wie Hochspannungsleitungen zu behandeln. Fernsprechstellen müssen so eingerichtet sein, daß auch bei Berührung zwischen den beiderseitigen Leitungen eine Gefahr für die Sprechenden ausgeschlossen ist.

5. Fernmelde-Freileitungen sollen entweder auf besonderem Gestänge oder bei gemeinsamem Gestänge in angemessenem Abstand unterhalb der Starkstromleitungen verlegt werden.

k) Wenn eine Hochspannungsleitung über Ortschaften, bewohnte Grundstücke und gewerbliche Anlagen geführt wird, oder wenn sie sich einem verkehrsreichen Fahrweg so weit nähert, daß die Vorübergehenden durch Drahtbrüche gefährdet werden können, so müssen Vorrichtungen angebracht werden, die das Herabfallen der Leitungen verhindern oder herabgefallene Teile selbst spannunglos machen, oder es müssen innerhalb der Strecke alle Teile der Leitungsanlage mit entsprechend erhöhter Sicherheit ausgeführt werden.

6. Schutznetze für Hochspannungsleitungen sind möglichst zu vermeiden. Ist dies nicht möglich, so sollen sie so gestaltet oder angebracht sein, daß sie auch bei starkem Winde mit den Hochspannungsleitungen nicht in Berührung kommen können und einen gebrochenen Draht mit Sicherheit abfangen.

Sie sollen, wo sie nicht geerdet werden können, der höchsten vorkommenden Spannung entsprechend isoliert sein.

l) Hochspannungs-Freileitungen zur Versorgung ausgedehnter gewerblicher Anlagen, größerer Anstalten, Gehöfte und dergleichen müssen während des Betriebes streckenweise spannungslos gemacht werden können.

7. *Dies soll auch bei Ortschaften den örtlichen Verhältnissen entsprechend beachtet werden.*

§ 23.
Installationen im Freien.

a) Im Freien verlegte Leitungen müssen abschaltbar sein.

b) Im Freien ist die feste Verlegung von ungeschützten Mehrfachleitungen unzulässig (vgl. § 21 g).

c) Träger und Schutzverkleidungen von Hochspannungsleitungen im Freien, die mehr als 750 V gegen Erde führen, müssen durch einen roten Blitzpfeil sichtbar gekennzeichnet sein.

1. Bei im Freien offen verlegten Leitungen ist der Schutz gegen Berührung besonders zu beachten.

2. Ungeschützte Niederspannungsleitungen im Freien sollen so verlegt werden, daß sie ohne besondere Hilfsmittel nicht berührt werden können, sie sollen jedoch mindestens $2^1/_2$ m vom Erdboden entfernt sein.

3. *Ungeschützte Hochspannungsleitungen im Freien sollen in der Regel mit ihrem tiefsten Punkte mindestens 6 m von der Erde entfernt sein.*

4. Wenn bei Fahrleitungen die in Regel 2 und 3 genannten Maße nicht eingehalten werden können oder die Fahrleitungen lose auf Stützpunkten ruhen müssen, so sollen den Betriebsverhältnissen entsprechend Vorsichtsmaßregeln getroffen werden.

5. Apparate sollen tunlichst nicht im Freien untergebracht werden; läßt sich dies nicht vermeiden, so soll für besonders gute Isolierung, zuverlässigen Schutz gegen Berührung und gegen schädliche Witterungseinflüsse Sorge getragen werden.

§ 24.
Leitungen in Gebäuden.

a) Innerhalb von Gebäuden müssen alle gegen Erde unter Spannung stehenden Leitungen mit einer Isolierhülle im Sinne des § 19 versehen sein.

Nur in Räumen, in denen erfahrungsgemäß die Isolierhülle durch chemische Einflüsse rascher Zerstörung ausgesetzt ist, ferner für Kontaktleitungen und dergleichen dürfen blanke spannungführende Leitungen Verwendung finden, wenn sie vor Berührung hinreichend geschützt sind.

b) Bei Hochspannung sind ungeerdete blanke Leitungen außerhalb elektrischer Betriebs- und Akkumulatorenräume nur als Kontaktleitungen gestattet. Sie müssen an geeigneter Stelle mit Schalter allpolig abschaltbar sein. Für Fahrleitungen gilt § 23¹.

c) Bei Abzweigstellen muß den auftretenden Zugkräften durch geeignete Anordnungen Rechnung getragen werden.

d) Durch Wände, Decken und Fußböden sind die Leitungen so zu führen, daß sie gegen Feuchtigkeit, mechanische und chemische Beschädigung, sowie Oberflächenleitung ausreichend geschützt sind.

1. Die Durchführungen sollen entweder der in den betreffenden Räumen gewählten Verlegungsart entsprechen, oder es sollen haltbare isolierende Rohre verwendet werden, und zwar für jede einzeln verlegte Leitung und für jede Mehrfachleitung je ein Rohr.

In feuchten Räumen sollen entweder Porzellan- oder gleichwertige Rohre verwendet werden, deren Gestalt keine merkliche Oberflächenleitung zuläßt, oder die Leitungen sollen frei durch genügend weite Kanäle geführt werden.

Über Fußböden sollen die Rohre mindestens 10 cm vorstehen; sie sollen gegen mechanische Beschädigung sorgfältig geschützt sein. *Bei Hochspannung sollen die Rohre außerdem an Decken und Wandflächen mindestens 5 cm vorstehen.*

§ 25.
Isolier- und Befestigungskörper.

a) Holzleisten sind unzulässig.

b) Krampen sind nur zur Befestigung von betriebsmäßig geerdeten Leitungen zulässig, wenn dafür gesorgt ist, daß der Leiter weder mechanisch noch chemisch durch die Art der Befestigung beschädigt wird.

c) Isolierglocken müssen so angebracht werden, daß sich in ihnen kein Wasser ansammeln kann.

d) Isolierkörper müssen so angebracht werden, daß sie die Leitungen in angemessenem Abstand voneinander, von Gebäudeteilen, Eisenkonstruktionen und dergleichen entfernt halten.

1. Bei Führung von Leitungen auf gewöhnlichen Rollen längs der Wand soll auf höchstens 1 m eine Befestigungstelle kommen. Bei Führung an der Decke können den örtlichen Verhältnissen entsprechend ausnahmsweise größere Abstände gewählt werden.

⚒ | In B. u. T. sind gewöhnliche Rollen unzulässig. |

2. Mehrfachleitungen sollen nicht so befestigt werden, daß ihre Einzelleiter aufeinander gepreßt sind.

§ 26.
Rohre.

a) Rohre und Zubehörteile (Dosen, Muffen, Winkelstücke usw.) aus Papier müssen imprägniert sein und einen Metallüberzug haben.

1. Dosen sollen entweder feste Stutzen oder hinreichende Wandstärke zur Aufnahme der Rohre haben.

2. Rohrähnliche Winkel-, T-, Kreuzstücke und dergleichen sollen als Teile des Rohrsystems in gleicher Weise ausgekleidet sein wie die Rohre selbst. Scharfe Kanten im Innern sind auf alle Fälle zu vermeiden.

b) Rohre aus Metall oder mit Metallüberzug müssen bei Hochspannung in solcher Stärke verwendet werden, daß sie auch den zu erwartenden mechanischen und chemischen Angriffen widerstehen.

Bei Hochspannung sind die Stoßstellen metallener Rohre metallisch zu verbinden und die Rohre zu erden.

⚒ In B. u. T. gelten beide Absätze auch für Niederspannung.

c) In ein und dasselbe Rohr dürfen nur Leitungen verlegt werden, die zu dem gleichen Stromkreise gehören (siehe §§ 21h und 28i).

d) Drahtverbindungen und Abzweigungen innerhalb der Rohrsysteme sind nur in Dosen, Abzweigkästen, T- und Kreuzstücken und nur durch Verschraubung auf isolierender Unterlage zulässig.

3. Rohre sollen so verlegt werden, daß sich in ihnen kein Wasser ansammeln kann.

4. Bei Rohrverlegung sollen im allgemeinen die lichte Weite, sowie die Anzahl und der Radius der Krümmungen so gewählt sein, daß man die Drähte einziehen und entfernen kann. Von der Auswechselbarkeit der Leitungen kann abgesehen werden, wenn die Rohre offen verlegt und jederzeit zugänglich sind. Die Rohre sollen an den freien Enden mit entsprechenden Armaturen, z. B. Tüllen, versehen sein, so daß die Isolierung der Leitungen durch vorstehende Teile und scharfe Kanten nicht verletzt werden kann.

5. Unter Putz verlegte Rohre, die für mehr als einen Draht bestimmt sind, sollen mindestens 11 mm lichte Weite haben.

§ 27.
Kabel.

a) Blanke und asphaltierte Bleikabel dürfen nur so verlegt werden, daß sie gegen mechanische und chemische Beschädigungen geschützt sind (siehe auch § 21h).

1. Bleikabel jeder Art, mit Ausnahme von Gummikabeln bis 750 V, dürfen nur mit Endverschlüssen, Muffen oder gleichwertigen Vorkehrungen, die das Eindringen von Feuchtigkeit verhindern und gleichzeitig einen guten elektrischen Anschluß gestatten, verwendet werden.

⚒ 2. Die Entfernung der Befestigungstellen der Kabel soll in B. u. T. 3 m nicht übersteigen, außer in Bohrlöchern und Schächten. Für Schächte siehe § 40.

⚒ 3. In B. u. T. ist die Bewehrung von Kabeln nach Möglichkeit zu erden. An Muffen und ähnlichen Stellen sind die Bewehrungen leitend zu verbinden.

b) Es ist darauf zu achten, daß an den Befestigungstellen der Bleimantel nicht eingedrückt oder verletzt wird; Rohrhaken sind unzulässig.

Bei freiliegenden Kabeln ist eine brennbare Umhüllung verboten.

c) Prüfdrähte sind wie die zugehörigen Kabeladern zu behandeln.

Bei Hochspannung sind sie so anzuschließen, daß sie nur zur Kontrolle der zugehörigen Kabeladern dienen.

H. Behandlung verschiedener Räume.

Für die in den §§ 28 bis 36 behandelten Räume treten die allgemeinen Vorschriften insoweit außer Kraft, als die folgenden Sonderbestimmungen Abweichungen enthalten.

§ 28.
Elektrische Betriebsräume.

a) Entgegen § 3a kann in Niederspannungsanlagen von dem Schutz gegen zufällige Berührung blanker, unter Spannung gegen Erde stehender Teile insoweit abgesehen werden, als dieser Schutz nach den örtlichen Verhältnissen entbehrlich oder der Bedienung und Beaufsichtigung hinderlich ist.

b) Entgegen § 3b kann bei Hochspannung die Schutzvorrichtung insoweit auf einen Schutz gegen zufällige Berührung beschränkt werden, als ein erhöhter Schutz nach den örtlichen Verhältnissen entbehrlich oder der Bedienung und Beaufsichtigung hinderlich ist.

c) Bei Hochspannung sind auch solche blanke Leitungen gestattet, die nicht Kontaktleitungen sind (siehe § 24b). Sie müssen jedoch nach § 3b der Berührung entzogen sein.

In B. u. T. fällt diese Erleichterung fort. Auch bei Niederspannung sind blanke Leitungen nur in abgeschlossenen elektrischen Betriebsräumen (siehe § 21e) oder als Fahrleitungen (siehe § 42) zulässig.

d) Schalter mit Ausnahme von Ölschaltern brauchen der Bestimmung in § 11a Absatz 1 nur bei der Stromstärke zu genügen, für deren Unterbrechung sie bestimmt sind. Auf solchen Schaltern ist außer der Betriebspannung und Betriebstromstärke auch die zulässige Ausschaltstromstärke zu vermerken.

e) Entgegen § 11h können Nulleiter und betriebsmäßig geerdete Leitungen auch einzeln abtrennbar gemacht werden.

f) Entgegen § 12b sind auch bei nicht allpolig abschaltenden Anlassern besondere Ausschalter nicht notwendig.

⚒ | In B. u. T. fällt diese Erleichterung fort. |

1. Entgegen § 12² sind Schutzverkleidungen für Anlasser und Widerstände nicht unbedingt erforderlich.

g) Die im § 21a geforderte Schutzverkleidung ist bei Niederspannung und bei *isolierten Hochspannungsleitungen unter 1000 V* nur insoweit erforderlich, als die Leistungen mechanischer Beschädigung ausgesetzt sind.

h) Aus besonderen Betriebsrücksichten kann entgegen § 14b von der Unverwechselbarkeit der Schmelzeinsätze abgesehen werden.

i) Bei Schalt- und Signalanlagen ist es entgegen § 26c gestattet, Leitungen verschiedener Stromkreise in einem Rohr zu verlegen.

k) Entgegen § 18i sind Handleuchter bei Gleichstrom bis 1000 V zulässig.

⚒ | *In B. u. T. fällt diese Erleichterung fort.* |

l) Maschinen mit Führerbegleitung. Bei Hebezeugen und verwandten Transportmaschinen müssen die Fahrleitungen am Zugang zur Maschine gegen zufällige Berührung geschützt sein.

Die Fahrleitungen müssen durch Schalter abschaltbar sein.

Die fest verlegten isolierten Leitungen müssen im und am Führerstand gegen Beschädigung geschützt sein.

Handleuchter sind bei Wechselstrom nur für Niederspannung zulässig.

Im übrigen gelten die Führerstände als elektrische Betriebsräume.

§ 29.

Abgeschlossene elektrische Betriebsräume.

a) In solchen Räumen gelten die Bestimmungen für elektrische Betriebsräume *mit der Maßgabe, daß bei Hochspannung ein Schutz der unter Spannung stehenden Teile nur gegen zufällige Berührung durchgeführt werden muß.*

⚒ | *Für B. u. T. siehe § 28c.* |

1. Als Hilfsmittel gegen zufälliges Berühren spannungführender Teile kommen in Betracht: Trennwände zwischen den Feldern der Schaltanlage, Trennwände zwischen den einzelnen Phasen, Schutzgitter, feste und zuverlässig befestigte Geländer, selbsttätige Ausschalt- oder Verriegelungsvorrichtungen.

2. Der Verschluß der Räume soll so eingerichtet sein, daß der Zutritt nur den berufenen Personen möglich ist.

b) *Bei Hochspannung dürfen entgegen § 7a Transformatoren ohne geerdetes Metallgehäuse und ohne besonderen Schutzverschlag aufgestellt werden, wenn ihr Körper geerdet ist.*

§ 30.

Betriebstätten.

a) Entgegen § 21 a dürfen bei Niederspannung die im Handbereich liegenden Zuführungsleitungen zu Maschinen ungeschützt verlegt werden, wenn sie einer Beschädigung nicht ausgesetzt sind.

b) Bei Hochspannung müssen ausgedehnte Verteilungsleitungen während des Betriebes für Notfälle ganz oder streckenweise spannunglos gemacht werden können.

§ 31.

Feuchte, durchtränkte und ähnliche Räume.

a) Die nicht geerdeten, nach diesen Räumen führenden Leitungen müssen allpolig abschaltbar sein.

b) Für Spannungen über 1000 V sind nur Kabel zulässig.

In B. u. T. sind in Räumen, in denen Tropfwasser auftritt, für Niederspannung nur Kabel und in Rohren nach § 26 b verlegte Gummiaderleitungen zulässig.

Für Hochspannung sind nur Kabel gestattet.

c) Festverlegte Mehrfachleitungen sind nicht zulässig.

d) Ortsveränderliche Leitungen müssen durch eine schmiegsame Umhüllung gegen Beschädigung besonders geschützt sein.

1. Bei offen verlegten Leitungen ist der Schutz gegen Berührung (siehe § 3) besonders zu beachten.

2. Offen verlegte ungeerdete blanke Leitungen sollen in einem Abstand von mindestens 5 cm voneinander und 5 cm von der Wand auf zuverlässigen Isolierkörpern verlegt werden (siehe § 21[4]). Sie können mit einem der Natur des Raumes entsprechenden haltbaren Anstrich versehen sein.

Schutzrohre sollen gegen mechanische und chemische Angriffe hinreichend widerstandsfähig sein.

3. Motoren und Apparate sollen tunlichst nicht in solchen Räumen untergebracht werden; läßt sich dies nicht vermeiden, so soll für besonders gute Isolierung, guten Schutz gegen Berührung und gegen die obwaltenden schädlichen Einflüsse Sorge getragen werden; die nicht spannungführenden, der Berührung zugänglichen Metallteile sollen gut geerdet werden.

e) Stromverbraucher müssen so eingerichtet sein, daß sie zum Zweck der Bedienung spannunglos gemacht werden können.

f) Für Beleuchtung ist nur Niederspannung zulässig. Fassungen müssen aus Isolierstoff bestehen. Schaltfassungen sind verboten.

§ 32.
Akkumulatorenräume (siehe auch § 8).

a) Akkumulatorenräume gelten als abgeschlossene elektrische Betriebsräume.

b) Zur Beleuchtung dürfen nur elektrische Lampen verwendet werden, deren Leuchtkörper luftdicht abgeschlossen ist.

c) Für geeignete Lüftung ist zu sorgen.

§ 33.
Betriebstätten und Lagerräume mit ätzenden Dünsten.

a) Alle Teile der elektrischen Einrichtungen müssen je nach Art der auftretenden Dünste gegen chemische Beschädigung tunlichst geschützt sein.

b) Fassungen müssen aus Isolierstoff bestehen. Schaltfassungen sind verboten.

Für Handleuchter sind nur Leitungen mit besonderer, gegen die chemischen Einflüsse schützender Hülle gestattet.

c) Die Verwendung von Spannungen über 1000 V ist für Licht- und Motorenbetrieb unzulässig.

1. Entgegen § 12^1 ist Holz auch bei Steuerschaltern nicht zulässig.

§ 34.
Feuergefährliche Betriebstätten und Lagerräume.

a) Die Umgebung von elektrischen Maschinen, Transformatoren, Widerständen usw. muß von entzündlichen Stoffen freigehalten werden können.

b) Sicherungen, Schalter und ähnliche Apparate, in denen betriebsmäßig Stromunterbrechung stattfindet, sind in feuersicher abschließenden Schutzverkleidungen unterzubringen.

c) Blanke Leitungen sind nicht zulässig. Isolierte Leitungen müssen in Rohren nach § 26 oder als Kabel verlegt werden.

1. Auf Schutz gegen mechanische Beschädigung ist besonders zu achten.

d) In B. u. T. ist nur Gleichstrom bis 500 V und Niederspannungs-Wechselstrom zulässig.

§ 35.
Explosionsgefährliche Betriebstätten und Lagerräume.

a) Elektrische Maschinen, Transformatoren und Widerstände, desgleichen Ausschalter, Sicherungen, Steckvorrichtungen und ähnliche Apparate, in denen betriebsmäßig Stromunterbrechung stattfindet, dürfen nur insoweit verwendet werden, als für die besonderen Verhältnisse explosionssichere Bauarten bestehen.

b) Festverlegte Leitungen sind nur in geschlossenen Rohren oder als Kabel zulässig.

c) Zur Beleuchtung sind nur Glühlampen zulässig, deren Leuchtkörper luftdicht abgeschlossen ist. Sie müssen mit starken Überglocken, die auch die Fassung dicht einschließen, versehen sein.

d) Behördliche Vorschriften über explosionsgefährliche Betriebe bleiben durch vorstehende Bestimmungen unberührt.

§ 36.
Schaufenster, Warenhäuser und ähnliche Räume, wenn darin leicht entzündliche Stoffe aufgestapelt sind.

a) Festverlegte Leitungen müssen bis in die Lampenträger oder in die Anschlußdosen vollständig durch Rohre geschützt oder als Rohrdraht ausgeführt sein.

b) Auf den Schutz entzündlicher Gegenstände gegen die Berührung mit Lampen ist im Sinne des § 16d besonderer Wert zu legen.

c) Beleuchtungskörper und andere Stromverbraucher, die ihren Standort wechseln, sind nur mittels biegsamer Leitungen anzuschließen, die zum Schutz gegen mechanische Beschädigung mit einem Überzug aus widerstandsfähigem Stoff (siehe § 19 III) versehen sind.

d) Alle Schalter, Anschlußdosen und Sicherungen müssen mit widerstandsfähigen Schutzkästen umgeben und an Plätzen fest angebracht sein, wo eine Berührung mit leicht entzündlichen Stoffen ausgeschlossen ist.

e) Die Verwendung von Stromverbrauchern für Hochspannung ist in Räumen, in denen leicht entzündliche Stoffe aufgestapelt sind, nicht zulässig.

J. Provisorische Einrichtungen, Prüffelder und Laboratorien.
§ 37.

a) Für festverlegte Leitungen sind Abweichungen von den Bestimmungen über Stützpunkte der Leitungen und dergleichen zulässig, doch ist dafür zu sorgen, daß die Vorschriften hinsichtlich mechanischer Festigkeit, zufälliger gefahrbringender Berührung, Feuersicherheit und Erdung für den ordnungsmäßigen Gebrauch erfüllt sind.

b) **Provisorische Einrichtungen** sind durch Warnungstafeln zu kennzeichnen und durch Schutzgeländer, Schutzverschläge oder dergleichen gegen den Zutritt Unberufener abzugrenzen. *Bei Hochspannung sind sie nötigenfalls unter Verschluß zu halten.* Den örtlichen Verhältnissen ist dabei Rechnung zu tragen.

Die beweglichen und ortsveränderlichen Einrichtungen sowie die Beleuchtungskörper, Apparate, Meßinstrumente usw. müssen den allgemeinen Vorschriften genügen.

Bei Schalt- und Verteilungstafeln ist Holz als Baustoff, nicht aber als Isolierstoff zulässig.

c) **Ständige Prüffelder und Laboratorien** sind mit festen Abgrenzungen und entsprechenden Warnungstafeln zu versehen. Fliegende Prüfstände sind durch eine auffallende Absperrung (Schranken, Seile oder dergleichen) kenntlich zu machen. Unbefugten ist das Betreten der Prüffelder und Prüfstände streng zu verbieten.

1. In ständigen Prüffeldern und Laboratorien für Hochspannung über 1000 V sollen die Stände, in denen unter Spannung gearbeitet wird, gegen die Nachbarschaft abgegrenzt werden, wenn dort gleichzeitig Aufstellungs-, Vorbereitungsarbeiten und dergleichen vorgenommen werden.

2. Ständige Prüffelder und Laboratorien für sehr hohe Spannungen sollen in abgeschlossenen Räumen untergebracht werden, deren unbefugtes Betreten durch geeignete Einrichtungen verhindert, oder ungefährlich gemacht wird.

3. Wenn in Prüffeldern, Laboratorien und dergleichen an den provisorischen Leitungen, an den Apparaten usw. der Schutz gegen zufällige Berührung Hochspannung führender Teile sich nicht durchführen läßt, sollen die Gänge hinreichend breit und der Bedienungsraum genügend groß sein.

d) Versuchschaltungen in Prüffeldern und Laboratorien, die während des Gebrauches unter sachkundiger Leitung stehen, unterliegen den allgemeinen Vorschriften nicht.

K. Theater und diesen gleichzustellende Versammlungsräume.

Für diese Räume gelten außer den normalen Vorschriften noch die folgenden Sonderbestimmungen:

§ 38.
Allgemeine Bestimmungen.

a) Für Theaterinstallationen darf Hochspannung nicht verwendet werden.

b) Die elektrischen Leitungsanlagen sind von der Hauptschalttafel ab in Gruppen zu unterteilen. Mehrleiteranlagen sind bei der Hausbeleuchtung, soweit tunlich, bereits von den Hauptverteilungstellen ab in Zweileiterzweige (bei Systemen mit Nulleiter bestehend aus Außen- und Nulleiter) zu unterteilen.

Für die Bühnenbeleuchtung gilt das in § 39, Regel 5 Gesagte.

c) In Räumen, die mehr als drei Lampen enthalten, sowie in allen Fluren, Treppenhäusern und Ausgängen sind die Lampen an mindestens zwei getrennt gesicherte Zweigleitungen anzuschließen. Von dieser Bestimmung kann abgesehen werden, wenn die Notlampen eine genügende Allgemeinbeleuchtung gewähren.

d) Falls eine elektrische Notbeleuchtung eingerichtet wird, müssen ihre Lampen an eine oder mehrere räumlich und elektrisch von der Hauptanlage unabhängige Stromquellen angeschlossen werden.

e) Die Schalter und Sicherungen sind tunlichst gruppenweise zu vereinigen und dürfen dem Publikum nicht zugänglich sein.

§ 39.
Bestimmungen für das Bühnenhaus.

Für Installationen des Bühnenhauses (Bühne, Untermaschinerien, Arbeitsgalerien und Schnürböden, auch Garderoben und andere Nebenräume im Bühnenhause) gelten außer den vorerwähnten allgemeinen, noch die folgenden Zusatzbestimmungen:

a) Schalttafeln und Bühnenregulatoren sind so anzuordnen, daß eine unbeabsichtigte Berührung durch Unbefugte ausgeschlossen ist.

Auf die Endausschalter an Bühnenregulatoren findet die Vorschrift des § 11e keine Anwendung, wenn die vom Regulator bedienten Stromkreise an zentraler Stelle allpolig ausgeschaltet werden können.

Die Widerstände von Bühnenregulatoren sind bei Dreileiteranlagen in die Außenleiter zu legen.

b) Bei Beleuchtungskörpern mit Farbenwechsel muß der Querschnitt der gemeinschaftlichen Rückleitung der höchstmöglichen Betriebstromstärke angepaßt sein.

c) Betriebsmäßig stromführende blanke Leitungen sind in den Untermaschinerien, auf der Bühne, den Arbeitsgalerien und dem Schnürboden nicht zulässig. Flugdrähte und dergleichen dürfen weder zur Stromführung noch als Erdzuleitung benutzt werden.

d) Feste Leitungen müssen in der Weise verlegt werden, daß sie in erster Linie gegen die zu erwartenden mechanischen Beschädigungen geschützt sind.

e) Mehrfachleitungen zum Anschluß beweglicher Bühnenbeleuchtungskörper müssen biegsame Kupferseelen haben und durch starke schmiegsame nichtmetallische Schutzhüllen gegen mechanische Beschädigung geschützt sein.

1. Die Kupferseele der Gummiaderlitzen soll aus einzelnen Drähten von nicht über 0,2 mm Durchmesser bestehen.

2. Die Befestigung der biegsamen Leitungen soll so sein, daß auch bei rauher Behandlung an der Anschlußstelle ein Bruch nicht zu befürchten ist.

3. Die Anschlußstücke sind mit der Schutzumhüllung so zu verbinden, daß die Kupferseelen an der Anschlußstelle von Zug entlastet sind. Steckkontakte müssen innerhalb widerstandsfähiger, nicht stromführender Hüllen liegen und so angeordnet sein, daß zufällige Berührung der stromführenden Teile, wenn sie nicht geerdet sind, verhindert wird.

f) Für vorübergehend gebrauchte Szenerie-Installationen kann von der Erfüllung der allgemeinen Vorschriften für die Verlegung von Leitungen ausnahmsweise abgesehen werden, wenn isolierte Leitungen verwendet werden, die Verlegungsart jegliche Verletzung der Isolierung ausschließt und diese Installation während des Gebrauches unter besonderer Aufsicht steht. In diesem Falle sind Drahtschellen für Einzelleitungen zulässig und Durchführungstüllen entbehrlich.

g) Die Sicherungen der Anschlußleitungen für Bühnenbeleuchtungskörper (Oberlichter, Kulissen, Rampen, Horizont-, Spielflächen-, Versatz- und Scheinwerferbeleuchtung) sind im fest verlegten Teil der Leitung anzubringen; in diesem Falle genügt für jeden Körper je eine Sicherung für alle Lampen einer Farbe. Der Querschnitt ortsveränderlicher Leitungen ist der Nennstromstärke der Sicherungen des größten Versatzstromkreises anzupassen. Soweit dieses nicht tunlich ist, sind besondere Zwischensicherungen anzuordnen; für ordnungsmäßige Verkleidung dieser Sicherungen ist zu sorgen. In den Beleuchtungskörpern selbst sind Sicherungen nicht zulässig.

h) Bei Regulierwiderständen, die an besonderen, nur dem Bedienungspersonal zugänglichen feuersicheren Stellen angebracht sind, ist eine Schutzverkleidung aus feuersicherem Stoff entbehrlich.

4. Die Stufenschalter für den Bühnenregulator sollen unmittelbar bei den Regulierwiderständen selbst angebracht sein, können aber durch Übertragung betätigt werden.

i) Die fest angebrachten Glühlampen auf der Bühne, sowie alle Glühlampen in Arbeitsräumen, Werkstätten, Garderoben, Treppen und Korridoren müssen mit Schutzkörben oder -gläsern versehen sein, die nicht an der Fassung, sondern an den Lampenträgern befestigt sind.

k) Für Bühnenbeleuchtungskörper und deren Anschlüsse (Oberlichter, Kulissen, Rampen, Effekt- und Versatzbeleuchtungen) gelten folgende Bestimmungen:

Die Beleuchtungskörper sind mit einem Schutzgitter für die Glühlampen zu versehen.

Innerhalb der Beleuchtungskörper sind blanke Leiter dann zulässig, wenn sie gegen zufällige Berührung geschützt sind.

Hängende Beleuchtungskörper sind, auch wenn sie geerdet werden, gegen ihre Tragseile zu isolieren.

Bühnenscheinwerfer, Projektionsapparate, Blitzlampen und dergleichen sind mit einer Vorrichtung zu versehen, die das Herausfallen glühender Kohlenteilchen oder dergleichen verhindert.

5. Die Spannung zwischen irgend zwei Leitern eines Beleuchtungskörpers soll 250 V nicht überschreiten. Bei Horizont- und Spielflächenbeleuchtungen gelten die einzelnen Laternen als Beleuchtungskörper.

Für Horizont- und Spielflächenbeleuchtungen sollen Abzweige in Mehrleitersystemen tunlichst nicht mehr als 6600 W bei 110 V oder 8800 W bei 220 V führen.

6. Holz soll nur bei vorübergehend gebrauchten Bühnenbeleuchtungskörpern und nur als Baustoff zulässig sein.

L. Weitere Vorschriften für Bergwerke unter Tage.

Außer den in §§ 1, 2, 3, 5, 9, 11, 16, 17, 18, 19, 20, 21, 25, 26, 27, 28, 29, 31 und 34 gegebenen Zusätzen gilt für B. u. T. noch folgendes:

§ 40.
Verlegung in Schächten.

a) In Schächten und einfallenden Strecken von mehr als 45° Neigung dürfen nur bewehrte Kabel, bei denen die Bewehrung aus verzinkten oder verbleiten Eisen- oder Stahldrähten besteht, oder die auf andere Weise von Zug entlastet sind, verwendet werden. In trockenen, feuersicheren Nebenschächten sind auch isolierte Leitungen bei Niederspannung zulässig.

1. Der Abstand der Befestigungstellen der Kabel soll in der Regel nicht mehr als 6 m betragen.

2. Die Befestigung der Kabel soll mit breiten Schellen erfolgen, die so beschaffen sind, daß sie die Kabel weder mechanisch noch chemisch gefährden. Werden eiserne Schellen benutzt, so sollen die Kabel an der Schellstelle mit Asphaltpappe oder dergleichen umwickelt werden.

b) Ist die Leitung chemischen Einflüssen durch Tropfwasser, Grubenwetter oder dergleichen ausgesetzt, so muß sie mit einem Bleimantel oder einem anderen Schutzmittel, z. B. Anstrich, versehen sein.

Elektrische Schachtsignalanlagen.

c) Die Schachtsignalanlage jeder Förderung muß durch eine gesonderte Stromquelle gespeist werden, an die keine anderen Stromverbraucher angeschlossen werden dürfen.

Der Anschluß von Schachtsignalanlagen an Starkstromnetze ist nur gestattet, wenn hierbei keine unmittelbare elektrische Verbindung zwischen Signalanlage und Netz, wie z. B. durch Einankerumformer oder Spartransformatoren, hergestellt wird.

Eine Ausnahme ist bei Stapelschächten zulässig.

d) Eine Vorrichtung, die das Ausbleiben der Betriebspannung dem Fördermaschinisten selbsttätig anzeigt, ist anzubringen.

e) Offen verlegte Leitungen dürfen in Schachtsignalanlagen nicht verwendet werden.

§ 41.
Schlagwettergefährliche Grubenräume.

a) Die nach schlagwettergefährlichen Grubenräumen führenden Leitungen müssen von schlagwetternichtgefährlichen Räumen oder von über Tage aus allpolig abschaltbar sein.

b) In schlagwettergefährlichen Grubenräumen dürfen nur schlagwettersichere Maschinen, Transformatoren, Akkumulatorenkasten und Apparate verwendet werden. Sie gelten als schlagwettersicher, wenn sie den diesbezüglichen Leitsätzen des VDE entsprechen.

c) Es sind nur Glühlampen zulässig, deren Leuchtkörper luftdicht abgeschlossen ist.

1. Glühlampen sollen eine starke Überglocke und einen Schutzkorb aus starkem Drahtgeflecht besitzen.

d) Blanke Leitungen sind nur als Erdungsleitungen zulässig.

e) Isolierte Leitungen dürfen nur als Kabel oder in widerstandsfähigen geerdeten Eisen- oder Stahlröhren festverlegt werden.

f) Biegsame Leitungen zum Anschluß ortsbeweglicher Stromverbraucher sind nur mit besonders starker Schutzhülle zulässig.

§ 42.
Fahrdrähte und Zubehör elektrischer Grubenbahnen.

a) Bei Grubenbahnen mit Wechselstrom müssen die Fahrdrähte wenigstens 2,2 m über S.O. liegen. Bei Grubenbahnen mit Gleichstrom müssen die Fahrdrähte entweder in angemessener Höhe über S.O. liegen, oder es müssen Schutzvorkehrungen getroffen werden, die verhindern, daß eine Person zufällig den Fahrdraht berühren kann.

1. Als angemessene Höhe gilt im allgemeinen bei Gleichstrom-Niederspannung 1,8 m, *bei Gleichstrom-Hochspannung 2,2 m.*

b) Bei Fahrdrahtanlagen sind auf den Lokomotiven Kurzschließer anzubringen, damit bei dem herzustellenden Kurzschluß entweder die Strecken durch Herausfallen der Überstrom-Selbstschalter spannungslos werden, oder der Spannungsabfall der Fahrleitung bis zur Kurzschlußstelle so groß wird, daß die dort vorhandene Spannung für Menschen keine Gefahr mehr bildet.

2. An Stelle der vorstehend angeführten Vorrichtung können jedoch auch *Fernsprech-* oder Signalanlagen zum Wärter der Einschaltestelle oder sonstige Vorrichtungen zum Abschalten zulässig sein, wenn deren jederzeitige Betriebsbereitschaft gegeben ist.

c) An Rangier-, Kreuzung- und Zugangstellen sind Warnungstafeln anzubringen, die auf die mit Berührung des Fahrdrahtes verbundene Gefahr hinweisen.

3. Diese Warnungstafeln sollen beleuchtet sein.

d) Fahrleitungen, die nicht auf Porzellan-Doppelglockenisolatoren oder gleichwertigen Isolatoren verlegt sind, müssen gegen Erde doppelt isoliert sein.

e) Aufhänge- oder Abspanndrähte jeder Art müssen gegen spannungführende Leitungen doppelt isoliert sein, z. B. durch Porzellan-Doppelglockenisolatoren. Als Querverbindungen, die zum Spannungausgleich zwischen den Fahrdrähten dienen, dürfen blanke Leitungen nicht verwendet werden.

f) Speiseleitungen, die Betriebspannung gegen Erde führen, müssen von der Stromquelle und an den Speisepunkten von den Fahrleitungen abschaltbar sein. Wenn durch Streckenunterbrecher dafür gesorgt ist, daß mit der Speiseleitung gleichzeitig der zugehörige Teil der Fahrleitung spannungfrei wird, ist die Abschaltbarkeit am Speisepunkt nicht erforderlich.

g) Wenn die Gleise als Rückleitung dienen, müssen die Stöße aller Schienen gutleitend verbunden und in Abständen von höchstens 100 m gutleitende Querverbindungen zwischen den Schienen eingebaut werden.

h) Bei Bahnanlagen müssen die in den Bahnstrecken liegenden Rohre, Kabelbewehrungen und Signalleitungen an allen Abzweigungen zu Seitenstrecken und an den Endpunkten der Bahnstrecken, mindestens aber alle 250 m, mit den Schienen gut leitend verbunden werden, wenn nicht in anderer Weise die schädigenden Wirkungen einer Stromüberleitung aus dem Fahrdraht in diese Teile verhindert werden.

§ 43.
Fahrzeuge elektrischer Grubenbahnen.

a) Bei Fahrschaltern und Stromabnehmern ist Holz als Isolierstoff zulässig.

b) Zwischen den Stromabnehmern und den übrigen elektrischen Einrichtungen des Fahrzeuges ist entweder eine sichtbare Trennstelle derart anzuordnen, daß sie die Beleuchtung nicht unterbricht, oder es müssen die Stromabnehmer eine Vorrichtung haben, die sie im abgezogenen Zustand festhalten kann.

c) Jedes Fahrzeug muß eine Hauptabschmelzsicherung oder einen selbsttätigen Ausschalter für die Elektromotoren haben (siehe auch § 42 b).

d) Akkumulatorenzellen elektrischer Fahrzeuge können auf Holz aufgestellt werden, wobei einmalige Isolierung durch feuchtigkeitssichere Zwischenlagen ausreicht.

e) Der Querschnitt aller Fahrstromleitungen ist nach der Nennstromstärke der vorgeschalteten Sicherung oder stärker zu bemessen.

Drähte für Bremsstrom sind mindestens von gleicher Stärke wie die Fahrstromleitungen zu wählen.

Der Querschnitt aller übrigen Leitungen ist nach § 20 zu bemessen.

1. Für Fahrstromleitungen aus Leitungskupfer gilt folgende Zahlentafel:

Querschnitt in mm²	Nennstromstärke der Sicherung in A.	Querschnitt in mm²	Nennstromstärke der Sicherung in A.
4	25	35	125
6	35	50	160
10	60	70	200
16	80	95	225
25	100	120	260

2. Isolierte Leitungen in Fahrzeugen sollen so geführt werden, daß ihre Isolierung nicht durch die Wärme benachbarter Widerstände gefährdet werden kann.

3. Nebeneinanderverlaufende isolierte Fahrstromleitungen sollen entweder zu Mehrfachleitungen mit einer gemeinsamen Schutzhülle zusammengefaßt werden derart, daß ein Verschieben und Reiben der Einzelleitungen vermieden wird, oder sie sind getrennt zu verlegen und dort, wo sie Wände durchsetzen, durch Isoliermittel so zu schützen, daß sie sich an diesen Stellen nicht durchscheuern können.

f) Die Handhaben der Fahrschalter sind in der Weise abnehmbar anzubringen, daß das Abnehmen nur erfolgen kann, wenn der Fahrstrom ausgeschaltet ist.

g) Erdleitungen und vom Fahrstrom unabhängige Bremsstromleitungen in Fahrzeugen dürfen keine Sicherungen enthalten und dürfen nur im Fahrschalter abschaltbar sein.

h) Die unter Spannung stehenden Teile von Fassungen, Schaltern, Sicherungen und dergleichen müssen mit einer Schutzverkleidung aus Isolierstoff versehen sein. Pappe gilt nicht als Isolierstoff (siehe § 3).

4. Die Beförderung der Belegschaft in offenen Förderwagen ist nur in Strecken zulässig, bei denen folgende besonderen Einrichtungen getroffen sind:

An den Ein- und Aussteigstellen für die Belegschaft soll der Fahrdraht während der Zeit des Ein- und Aussteigens durch einen Schalter spannunglos gemacht werden. Mit dem Schalter sind rote und grüne Signallampen derart zu verbinden, daß bei geschlossenem Schalter und spannungführendem Fahrdraht die roten und bei geöffnetem Schalter und spannunglosem Fahrdraht die grünen Lampen aufleuchten. An den Ein- und Aussteigstellen sind so viel farbige Lampen zu verteilen, daß von jeder Stelle des Zuges aus mindestens eine Lampe gesehen werden kann.

§ 44.
Abteufbetrieb.

a) Für den Abteufbetrieb sind nur Leitungen zulässig, die den „Normen für isolierte Leitungen in Starkstromanlagen (Abteufleitungen)" entsprechen. Die Metallbewehrung ist zu erden.

b) Beim Abteufbetrieb müssen alle nicht unter Spannung stehenden Metallteile elektrischer Maschinen und Apparate geerdet sein.

c) Vor jeder Abteufleitung und vor jedem Haspel müssen allpolig entweder Schalter und Sicherungen oder einstellbare selbsttätige Schalter eingebaut werden.

d) Steckvorrichtungen sind nur mit von Hand lösbarer Sperrung zu verwenden.

§ 45.

Schießbetrieb (im Anschluß an Starkstromanlagen).

a) Es darf nur Niederspannung für die Schießleitung verwendet werden.

b) Der Anschluß der Schießleitung an eine Starkstromleitung darf nur mittels eines allpolig unter Verschluß befindlichen Schalters erfolgen. Zur Erhöhung der Sicherheit ist stets noch eine zweite ebenfalls unter Verschluß befindliche Unterbrechungstelle zwischen Schalter und Schießleitung anzuordnen; entweder der Schalter oder die Unterbrechungstelle müssen so eingerichtet sein, daß ein Verharren im eingeschalteten Zustand ausgeschlossen ist.

Für die erwähnten Apparate ist die Verwendung von nicht feuchtigkeitsicherem Baustoff, wie Marmor, Schiefer u. dgl., als Isolierstoff unzulässig.

1. Es empfiehlt sich, eine Vorrichtung anzubringen, die das Vorhandensein von Spannung in der ortsfesten Hauptleitung erkennen läßt.

2. Empfohlen wird die Verwendung einer Kurzschlußvorrichtung in der Nähe des Zünderanschlusses, die eine Lösung des Kurzschlusses von gesicherter Stellung aus ermöglicht.

c) Die Schießleitung muß den „Normen für isolierte Leitungen in Starkstromanlagen" entsprechen.

Für die letzten 80 m kann Gummiaderleitung ohne besonderen Schutz oder in trockenen Grubenräumen isoliert verlegte blanke Leitung verwendet werden. Trockenes Holz ist für die Isolierung zulässig.

d) Im Abteufbetrieb ist bis auf die letzten 80 m (vgl. c) als Schießleitung nur Leitungstrosse zulässig. Die Schießleitung oder alle neben ihr verlegten Starkstromleitungen müssen bewehrt sein. Die Bewehrung muß geerdet sein.

e) Anderen Zwecken dienende Leitungen dürfen nicht als Schießleitung benutzt werden. Abweichungen können bei besonderen örtlichen Verhältnissen zugestanden werden, doch müssen die Forderungen unter b) erfüllt sein. Die Schießleitung darf nicht mit anderen Leitungen zu einer Mehrfachleitung vereinigt sein.

§ 46.

Ortsveränderliche Betriebseinrichtungen.

a) Auf ausreichenden Schutz ortsveränderlicher Leitungen gegen Beschädigung ist ganz besonders zu achten.

1. Tragbare Elektromotoren (z. B. solche für Bohrmaschinen) sollen bei Wechselstrom mit höchstens 70 V Spannung gegen Erde

(125 V verkettet) und bei Gleichstrom nur bei Niederspannung angeschlossen werden. In trockenen Grubenräumen ist auch Wechselstrom bis 220 V verkettet zulässig.

Für den Bohrbetrieb sind besondere Transformatoren kleinerer Leistung zu empfehlen, die gruppenweise den Betrieb vor Ort von dem gesamten übrigen Betrieb elektrisch trennen.

2. In ortsveränderlichen Betriebseinrichtungen sollen alle nicht unter Spannung gegen Erde stehenden Metallteile elektrischer Maschinen und Apparate nach Möglichkeit geerdet sein.

In Salzbergwerken kann an Bohrmaschinen und anderen vor Ort verwendeten Maschinen und Apparaten die Verbindung der Gehäuse und der sonstigen der zufälligen Berührung ausgesetzten Metallteile mit der Erdleitung unterbleiben, sobald die betreffenden Grubenräume vollkommen trocken und die in ihnen liegenden Gleise von denen der übrigen Grubenräume durch mehrfache hintereinander liegende Unterbrechungsstellen getrennt sind, sowie die Schienen nicht geschmiert werden.

La. Leitsätze für Bagger mit zugehörigen Bahnanlagen in Bergwerksbetrieben über Tage.

§ 47.

1. Die Mindesthöhe der Fahrleitungen soll bei Baggerstrecken 2,8 m, auf freier Fahrstrecke 3,0 m betragen. Im übrigen bestimmt sich die Höhe nach den Bahnvorschriften des VDE (siehe Ziffer 6).
2. Gleise und eiserne Fahrleitungsträger sind zu erden.
3. Die Fahrleitung ist vor jeder Bagger- und Kippstrecke abschaltbar einzurichten.
4. Es gelten sinngemäß die Bestimmungen des § 42 b, c, d, e mit Ausnahme der Bestimmungen über die Querverbindungen, ferner f und g, sowie die Bestimmungen des § 43a bis h.
5. In Betrieben, in denen Dampflokomotiven zusammen mit elektrisch betriebenen Baggern verwendet werden, sind die Baggerschleifleitungen so weit außerhalb des Lokomotivprofiles zu legen, daß bei neben diesem liegenden Leitungen der wagerechte Abstand zwischen dem Lokomotivprofil und der zunächst liegenden Schleifleitung wenigstens 1 m und bei oberhalb liegenden Leitungen der senkrechte Abstand wenigstens 0,5 m beträgt (siehe Ziffer 6).
6. Für weitere Verwendung vorhandener Bagger, auch an anderen Betriebsorten sind hinsichtlich der Fahrdrahthöhe und Fahrdrahtanordnung Ausnahmen zulässig.

M. Inkrafttreten der Errichtungsvorschriften.
§ 48.

Diese Vorschriften gelten für Anlagen und Erweiterungen, soweit ihre Ausführung nach dem 1. Juli 1924 beginnt.

Für Apparate nach den §§ 10, 11, 13 bis 16 und 18 wird mit Rücksicht auf die Verarbeitung vorhandener Werkstoffvorräte und die Räumung von Lagervorräten eine Übergangsfrist bis zum 1. Januar 1926 eingeräumt.

Der Verband Deutscher Elektrotechniker behält sich vor, die Vorschriften den Fortschritten und Bedürfnissen der Technik entsprechend abzuändern.

II. Betriebsvorschriften[1]).
§ 1.
Erklärungen.

a) Niederspannungsanlagen. Anlagen mit effektiven Gebrauchsspannungen bis 250 V zwischen beliebigen Leitern sind ohne weiteres als Niederspannungsanlagen zu behandeln; Mehrleiteranlagen mit Spannungen bis 250 V zwischen Nulleiter und einem beliebigen Außenleiter nur dann, wenn der Nulleiter geerdet ist. Bei Akkumulatoren ist die Entladespannung maßgebend.

Alle übrigen Starkstromanlagen gelten als Hochspannungsanlagen.

> 1. Im Gegensatz zu den mit Buchstaben bezeichneten Absätzen, die grundsätzliche Vorschriften darstellen, enthalten die mit Ziffern versehenen Absätze Ausführungsregeln. Letztere geben an, wie die Vorschriften mit den üblichen Mitteln im allgemeinen zur Ausführung gebracht werden sollen, wenn nicht im Einzelfall besondere Gründe eine Abweichung rechtfertigen.
>
> 2. Weitere Erklärungen siehe unter § 2 der Errichtungsvorschriften.

§ 2.
Zustand der Anlagen.

a) Die elektrischen Anlagen sind den „Errichtungsvorschriften" entsprechend in ordnungsmäßigem Zustande zu erhalten. Hervortretende Mängel sind in angemessener Frist

---

[1]) Diese Betriebsvorschriften sind auch bei der Errichtung und Veränderung von elektrischen Starkstromanlagen zu beachten, soweit dabei die Anlagen oder einzelne Teile unter Spannung stehen.

zu beseitigen. In Anlagen, die vor dem 1. Juli 1924 errichtet sind, müssen erhebliche Mißstände, die das Leben oder die Gesundheit von Personen gefährden, beseitigt werden. Jede Änderung einer solchen Anlage ist, soweit es die technischen und Betriebsverhältnisse gestatten, den geltenden Vorschriften gemäß auszuführen.

b) Leicht entzündliche Gegenstände dürfen nicht in gefährlicher Nähe ungekapselter elektrischer Maschinen und Apparate, sowie offen verlegter spannungführender Leitungen gelagert werden.

c) Schutzvorrichtungen und Schutzmittel jeder Art müssen in brauchbarem Zustand erhalten werden.

1. Für gewerbliche, industrielle und landwirtschaftliche Betriebstätten ist eine laufende Überwachung durch einen Sachverständigen zu empfehlen.

2. Als Schutzmittel gelten gegen die herrschende Spannung isolierende, einen sicheren Stand bietende Unterlagen, Erdungen, Abdeckungen, Gummischuhe, Werkzeuge mit Schutzisolierung, Schutzbrillen und ähnliche Hilfsmittel.

Gummihandschuhe sind als Schutz gegen Hochspannung unzuverlässig, daher in Hochspannungsanlagen verboten.

3. Der Zugang zu Maschinen, Schalt- und Verteilungsanlagen soll so weit freigehalten werden, als es ihre Bedienung erfordert.

4. Maschinen und Apparate sollen in gutem Zustand erhalten und in angemessenen Zwischenräumen gereinigt werden.

§ 3.
Warnungstafeln, Vorschriften und schematische Darstellungen.

a) In Hochspannungsbetrieben müssen Tafeln, die vor unnötiger Berührung von Teilen der elektrischen Anlage warnen, an geeigneten Stellen, insbesondere bei elektrischen Betriebsräumen und abgeschlossenen elektrischen Betriebsräumen an den Zugängen angebracht sein. Warnungstafeln für Hochspannung sind mit Blitzpfeil zu versehen. Bei Niederspannung sind Warnungstafeln nur an gefährlichen Stellen erforderlich.

b) In jedem elektrischen Betriebe sind diese Betriebsvorschriften und eine „Anleitung zur ersten Hilfeleistung bei Unfällen im elektrischen Betriebe" anzubringen. Für einzelne Teilbetriebe genügen gegebenenfalls zweckentsprechende Auszüge aus den Betriebsvorschriften.

c) In jedem elektrischen Betriebe muß eine schematische Darstellung der elektrischen Anlage, entsprechend dem Anhang zu den Errichtungs- und Betriebsvorschriften, vorhanden sein.

1. Es empfiehlt sich, an wichtigen Schaltstellen und in Transformatorenstationen, *insbesondere bei Hochspannung*, ein Teilschema. aus dem die Abschaltbarkeit hervorgeht, anzubringen.

2. Das kleinste Format für Warnungstafeln soll 15 × 10 cm sein.

3. Warnungstafeln, Betriebsvorschriften und schematische Darstellungen sollen in leserlichem Zustand erhalten werden.

4. Wesentliche Änderungen und Erweiterungen der Anlage sollen in der schematischen Darstellung nachgetragen werden unter Berücksichtigung der Regel 2 des Anhanges.

§ 4.
Allgemeine Pflichten der im Betriebe Beschäftigten.

Jeder im Betriebe Beschäftigte hat:

a) von den durch Anschlag bekanntgegebenen, sowie von den zur Einsichtnahme bereitliegenden, ihn betreffenden Betriebsvorschriften Kenntnis zu nehmen und ihnen nachzukommen;

b) bei Vorkommnissen, die eine Gefahr für Personen oder für die Anlagen zur Folge haben können, geeignete Maßnahmen zu treffen, um die Gefahr einzuschränken oder zu beseitigen. Dem Vorgesetzten ist baldmöglichst Anzeige zu erstatten.

1. Arbeiten im Hochspannungsbetriebe sollen nur mit besonderer Vorsicht unter sorgfältiger Beachtung der Betriebsvorschriften und unter Benutzung der gebotenen Schutzmittel ausgeführt werden. Die mit den Arbeiten Betrauten sollen sorgfältig unterwiesen werden, insbesondere dahin, daß sie nichts unternehmen oder berühren dürfen, ohne sich über die dabei vorhandene Gefahr Rechenschaft zu geben und die gebotenen Gegenmaßregeln anzuwenden.

2. Bei Unfällen von Personen ist nach der „Anleitung zur ersten Hilfeleistung bei Unfällen im elektrischen Betriebe" zu verfahren.

3. Bei Brandgefahr sind nach Möglichkeit die Leitsätze: „Empfehlenswerte Maßnahmen bei Bränden" zu befolgen.

§ 5.
Bedienung elektrischer Anlagen.

a) Jede unnötige Berührung von Leitungen, sowie ungeschützter Teile von Maschinen, Apparaten und Lampen ist verboten.

b) Die Bedienung von Schaltern, das Auswechseln von Sicherungen und die betriebsmäßige Bedienung von Maschinen, Akkumulatoren, Apparaten, Lampen ist nur den damit beauftragten Personen gestattet, wo erforderlich, unter Benutzung von Schutzmitteln.

1. Sicherungen und Unterbrechungstücke bei Hochspannung sollen wenn die Apparate nicht so gebaut oder angeordnet sind, daß man sie ohne weiteres gefahrlos handhaben kann, nur unter Benutzung isolierender oder anderer geeigneter Schutzmittel, betätigt werden.

c) Reinigungs-, Wartungs- und Instandsetzungsarbeiten dürfen nur durch damit beauftragte und mit den Arbeiten vertraute Personen oder unter deren Aufsicht durch Hilfsarbeiter ausgeführt werden. Die Arbeiten sind, wenn möglich, in spannungfreiem Zustande, das heißt nach allpoliger Abschaltung der Stromzuführungen, unter Berücksichtigung der in §§ 6 und 7 und, wenn unter Spannung gearbeitet werden muß, unter Berücksichtigung der in §§ 8 und 9 gegebenen Sonderbestimmungen vorzunehmen.

d) Die Schlüssel zu den abgeschlossenen elektrischen Betriebsräumen sind von den dazu Berufenen unter sicherer Verwahrung zu halten.

e) Abgeschlossene elektrische Betriebsräume, die den Anforderungen des § 29 der Errichtungsvorschriften nicht entsprechen, dürfen nur betreten werden, nachdem alle Teile spannunglos gemacht sind.

2. Es ist besonders darauf zu achten, daß der spannungfreie Zustand nicht immer durch Herausnahme von Schaltern und dergleichen allein gewährleistet ist, da noch Verbindungen durch Meßschaltungen, Ring- und Doppelleitungen usw. bestehen können, oder eine Rücktransformierung, Induktion, Kapazität usw. vorhanden sein kann.

§ 6.
Maßnahmen zur Herstellung und Sicherung des spannungfreien Zustandes.

a) Ist die Abschaltung desjenigen Teiles der Anlage, an dem gearbeitet werden soll, und der in unmittelbarer Nähe der Arbeitstelle befindlichen Teile nicht unbedingt sichergestellt, so muß zwischen Schalt- und Arbeitstelle eine Kurzschließung und Erdung, an der Arbeitstelle außerdem eine Kurzschließung und behelfsmäßige Verbindung mit der Erde zur Ableitung von Induktionsströmen vorgenommen werden.

Bei Hochspannung muß zwischen Arbeit- und Trennstelle Erdung und Kurzschließung vorgenommen werden, nachdem sich der Arbeitende überzeugt hat, daß dies ohne Gefahr geschehen kann.

Für die Dauer der Arbeit ist an der Schaltstelle ein Schild oder dergleichen anzubringen mit dem Hinweise, daß an dem zugehörigen Teil der elektrischen Anlage gearbeitet wird.

1. Auch bei Niederspannung empfiehlt es sich, bei Schaltern, Trennstücken und dergleichen, die einen Arbeitspunkt spannungfrei machen sollen, für die Dauer der Arbeit ein Schild oder dergleichen anzubringen mit dem Hinweise, daß an dem zugehörigen Teil der elektrischen Anlage gearbeitet wird.

2. Zur Erdung und Kurzschließung sollen Leitungen unter 10 mm² nicht verwendet werden.

3. Erdungen und Kurzschließungen sollen auch bei Niederspannung erst vorgenommen werden, wenn es ohne Gefahr geschehen kann.

4. Zum Nachweise, daß die Arbeitstelle spannungfrei ist, können dienen: Spannungprüfungen, Kennzeichnung der beiderseitigen Leitungsenden, Einsicht in schematische Übersichts- oder Leitungsnetzpläne mit oder ohne Angabe der erforderlichen Reihenfolge der Schaltungen, die entweder an den Schaltstellen vorhanden sein oder dem Schaltenden mitgegeben werden können, wenn er nicht durch mündliche Anweisung oder in anderer Weise über die Anlage genau unterrichtet ist.

b) Die Vereinbarung eines Zeitpunktes, zu dem eine Anlage spannungfrei gemacht werden soll, genügt nicht, es sei denn, daß es sich um regelmäßige Betriebspausen handelt.

§ 7.
Maßnahmen bei Unterspannungsetzung der Anlage.

a) Waren zur Vornahme von Arbeiten Betriebsmittel spannungfrei, so darf die Einschaltung erst dann erfolgen, wenn das Personal von der beabsichtigten Einschaltung verständigt worden ist.

b) Vor der Einschaltung sind alle Schaltungen und Verbindungen ordnungsgemäß herzustellen und keine Verbindungen zu belassen, durch die ein Übertreten der Spannung in außer Betrieb befindliche Teile herbeigeführt werden kann.

c) Die Vereinbarung von Zeitpunkten, zwischen denen die Anlage spannungfrei sein oder bleiben soll, genügt nicht, es sei denn, daß es sich um regelmäßige Betriebspausen handelt.

1. Die Verständigung mit der Arbeitstelle durch Fernsprecher ist zulässig, jedoch nur mit Rückmeldung durch den mit der Leitung der Arbeiten Beauftragten.

2. Bei Aufhebung von Kurzschließungen soll die Erdverbindung zuletzt beseitigt werden.

§ 8.
Arbeiten unter Spannung.

a) Arbeiten unter Spannung sind nur durch besonders damit beauftragte und mit der Gefahr vertraute Personen auszuführen. Zweckentsprechende Schutzmittel sind bereitzustellen und zu benutzen; sie sind vor Gebrauch nachzusehen (siehe § 2c und 2¹).

b) Arbeiten unter Spannung sind nur gestattet, wenn es aus Betriebsrücksichten nicht zulässig ist, die Teile der

Anlage, an denen selbst oder in deren unmittelbarer Nähe gearbeitet werden soll, spannungfrei zu machen, oder wenn die geforderte Erdung und Kurzschließung an der Arbeitstelle nicht vorgenommen werden kann.

c) Arbeiten müssen unter den für Arbeiten unter Spannung vorgeschriebenen Vorsichtsmaßregeln auch dann ausgeführt werden, wenn zwar ein Abschalten, Erden und Kurzschließen erfolgt ist, aber noch Unsicherheit darüber besteht, ob die Teile, an denen gearbeitet werden soll, wirklich mit den abgeschalteten oder geerdeten und kurzgeschlossenen Teilen übereinstimmen.

d) *Bei Hochspannung dürfen Arbeiten unter Spannung nur in Notfällen und nur in Gegenwart einer geeigneten und unterwiesenen Person, sowie unter Beachtung geeigneter Vorsichtsmaßnahmen ausgeführt werden (Ausnahmen siehe §§ 10a, 11a und 14c).*

§ 9.
Arbeiten in der Nähe von Hochspannung führenden Teilen.

a) Bei allen Arbeiten in der Nähe von Hochspannung führenden Teilen hat der Arbeitende darauf zu achten, daß er keinen Körperteil oder Gegenstand mit der Hochspannung in Berührung bringt. Da bei Arbeiten in Reichnähe von Hochspannung führenden Teilen die Aufmerksamkeit des Arbeitenden von der gefährlichen Stelle abgelenkt wird, so ist die Gefahrzone durch Schranken abzusperren oder es sind die gefährlichen Teile durch Isolierstoffe der zufälligen Berührung zu entziehen.

Bei allen Arbeiten in der Nähe von Hochspannung ist für einen festen Standpunkt Sorge zu tragen.

§ 10.
Zusatzbestimmungen für Akkumulatorenräume.

a) *An Akkumulatoren sind entgegen § 8d Arbeiten unter Spannung bei Beobachtung der geeigneten Vorsichtsmaßnahmen gestattet. Eine Aufsichtsperson ist nur bei Spannungen über 750 V erforderlich.*

b) Akkumulatorenräume müssen während der Ladung gelüftet werden.

c) Offene Flammen und glühende Körper dürfen während der Überladung nicht benutzt werden.

> 1. Die Gebäudeteile und Betriebsmittel einschließlich der Leitungen, sowie die isolierenden Bedienungsgänge sollen vor schädlicher Einwirkung der Säure nach Möglichkeit geschützt werden.

2. Die Akkumulatorenwärter sollen zur Reinlichkeit angehalten und auf die Gefahren, die Säure und Bleisalze mit sich bringen können, aufmerksam gemacht werden. Für ausreichende Wascheinrichtungen und Waschmittel soll Sorge getragen werden.

3. Essen, Trinken und Rauchen ist in Akkumulatorenräumen zu vermeiden.

§ 11.
Zusatzbestimmungen für Arbeiten in explosionsgefährlichen, durchtränkten und ähnlichen Räumen.

a) In explosionsgefährlichen, durchtränkten und ähnlichen Räumen sind Arbeiten unter Spannung (siehe § 8) verboten.

§ 12.
Zusatzbestimmungen für Arbeiten an Kabeln.

a) Arbeiten an Hochspannungskabeln, bei denen spannungführende Teile freigelegt oder berührt werden können, dürfen im allgemeinen nur im spannungfreien Zustande vorgenommen werden. Solange der spannungfreie Zustand nicht einwandfrei festgestellt und gesichert ist, sind die Schutzmaßregeln zu treffen, unter denen diese Arbeiten gefahrlos ausgeführt werden können.

1. Bei Arbeiten an Kabeln und Garniturteilen, insbesondere beim Schneiden von Kabeln und Öffnen von Kabelmuffen, sollen sich die Arbeitenden über die Lage der einzelnen Kabel zunächst vergewissern und alsdann geeignete Schutzvorrichtungen anwenden.

Hochspannungskabel sollen vor Beginn der Arbeiten entladen werden.

§ 13.
Zusatzbestimmungen für Arbeiten an Freileitungen.

a) Arbeiten an Freileitungen einschließlich Bedienung von Sicherungen und Trennstücken sollen möglichst, *besonders bei Hochspannung* nur in spannungfreiem Zustande geschehen unter Berücksichtigung der in §§ 6 und 7 und, wenn unter Spannung gearbeitet werden muß, unter Berücksichtigung der in §§ 8 und 9 gegebenen Bestimmungen.

b) Arbeiten an den Hochspannung führenden Leitungen selbst sind verboten. Bei Arbeiten an spannungfreien Hochspannungsleitungen sind die Leitungen an der Arbeitstelle kurzzuschließen und nach Möglichkeit zu erden.

c) Arbeiten an Niederspannungs- und Fernmeldeleitungen in gefährlicher Nähe von Hochspannungsleitungen sind nur gestattet, wenn die Hochspannungsleitungen geerdet und kurzgeschlossen oder sonstige ausreichende Schutzmaßregeln getroffen sind.

Hierbei ist nicht nur auf die Gefahr einer Berührung der Leitungen, sondern auch auf die durch Induktion in der Niederspannungs- oder Fernmeldeleitung möglichen Spannungen Rücksicht zu nehmen (siehe auch § 22i der Errichtungsvorschriften).

1. Die Bedienung von Sicherungen und Trennstücken in nicht spannungfreien Freileitungen soll, wenn erforderlich, durch isolierende Werkzeuge oder Schaltstangen erfolgen.
2. Arbeiten auf Masten, Dächern usw. sollen nur durch schwindelfreie Personen, die mit festsitzendem Schuhwerk und mit Sicherheitsgürtel ausgerüstet sind, vorgenommen werden.

§ 14.

Zusatzbestimmungen für Arbeiten in Prüffeldern und Laboratorien.

a) Ständige Prüffelder und fliegende Prüfstände sind abzugrenzen, ihr Betreten durch Unbefugte ist zu verbieten.

b) *Mit Hochspannungsarbeiten in solchen Räumen dürfen nur Personen betraut werden, die ausreichendes Verständnis für die bei den vorzunehmenden Arbeiten auftretenden Gefahren besitzen und sich ihrer Verantwortung bewußt sind.*

c) *Die Bestimmungen des § 8d finden auf Arbeiten in Prüffeldern und Laboratorien keine Anwendung.*

§ 15.

Inkrafttreten der Betriebsvorschriften.

Diese Vorschriften gelten vom 1. Juli 1924 ab.

Der Verband Deutscher Elektrotechniker behält sich vor, sie den Fortschritten und Bedürfnissen der Technik entsprechend abzuändern.

MIX
Papier aus verantwortungsvollen Quellen
Paper from responsible sources
FSC® C105338

If you have any concerns about our products,
you can contact us on
ProductSafety@springernature.com

In case Publisher is established outside the EU,
the EU authorized representative is:
**Springer Nature Customer Service Center GmbH
Europaplatz 3, 69115 Heidelberg, Germany**

Printed by Libri Plureos GmbH
in Hamburg, Germany